Sebastian Pflaum

Brennverfahren für Niedrigstemissionen bei Dieselmotoren

Sebastian Pflaum

Brennverfahren für Niedrigstemissionen bei Dieselmotoren

Dissertation: Entwicklung und Untersuchung eines Brennverfahrens für Niedrigstemissionen bei Dieselmotoren, LVK, TUM

Südwestdeutscher Verlag für Hochschulschriften

Impressum/Imprint (nur für Deutschland/only for Germany)
Bibliografische Information der Deutschen Nationalbibliothek: Die Deutsche Nationalbibliothek verzeichnet diese Publikation in der Deutschen Nationalbibliografie; detaillierte bibliografische Daten sind im Internet über http://dnb.d-nb.de abrufbar.
Alle in diesem Buch genannten Marken und Produktnamen unterliegen warenzeichen-, marken- oder patentrechtlichem Schutz bzw. sind Warenzeichen oder eingetragene Warenzeichen der jeweiligen Inhaber. Die Wiedergabe von Marken, Produktnamen, Gebrauchsnamen, Handelsnamen, Warenbezeichnungen u.s.w. in diesem Werk berechtigt auch ohne besondere Kennzeichnung nicht zu der Annahme, dass solche Namen im Sinne der Warenzeichen- und Markenschutzgesetzgebung als frei zu betrachten wären und daher von jedermann benutzt werden dürften.

Verlag: Südwestdeutscher Verlag für Hochschulschriften GmbH & Co. KG
Heinrich-Böcking-Str. 6-8, 66121 Saarbrücken, Deutschland
Telefon +49 681 37 20 271-1, Telefax +49 681 37 20 271-0
Email: info@svh-verlag.de

Zugl.: München, TUM, Diss., 2011

Herstellung in Deutschland:
Schaltungsdienst Lange o.H.G., Berlin
Books on Demand GmbH, Norderstedt
Reha GmbH, Saarbrücken
Amazon Distribution GmbH, Leipzig
ISBN: 978-3-8381-1815-4

Imprint (only for USA, GB)
Bibliographic information published by the Deutsche Nationalbibliothek: The Deutsche Nationalbibliothek lists this publication in the Deutsche Nationalbibliografie; detailed bibliographic data are available in the Internet at http://dnb.d-nb.de.
Any brand names and product names mentioned in this book are subject to trademark, brand or patent protection and are trademarks or registered trademarks of their respective holders. The use of brand names, product names, common names, trade names, product descriptions etc. even without a particular marking in this works is in no way to be construed to mean that such names may be regarded as unrestricted in respect of trademark and brand protection legislation and could thus be used by anyone.

Publisher: Südwestdeutscher Verlag für Hochschulschriften GmbH & Co. KG
Heinrich-Böcking-Str. 6-8, 66121 Saarbrücken, Germany
Phone +49 681 37 20 271-1, Fax +49 681 37 20 271-0
Email: info@svh-verlag.de

Printed in the U.S.A.
Printed in the U.K. by (see last page)
ISBN: 978-3-8381-1815-4

Copyright © 2011 by the author and Südwestdeutscher Verlag für Hochschulschriften GmbH & Co. KG and licensors
All rights reserved. Saarbrücken 2011

Inhaltsverzeichnis

1 Einleitung und Ziel der Forschungsarbeiten 6
2 Stand der Technik 7
   2.1 Emissionsvorschriften 7
   2.2 Emissionsentstehung in Dieselmotoren 8
      2.2.1 Bildung von Stickoxiden 8
      2.2.2 Bildung von unverbrannten Kohlenwasserstoffen 9
      2.2.3 Rußbildung während der dieselmotorischen Verbrennung 9
   2.3 Emissionsminderung in Verbrennungskraftmaschinen 15
      2.3.1 Emissionsminderung außermotorisch 15
      2.3.2 Emissionsminderung innermotorisch 18
   2.4 Common Rail Einspritztechnik 19
      2.4.2 EDM Bohren von Spritzlöchern 22
      2.4.3 HEG Verrunden von Spritzlöchern 23
      2.4.4 Vermessung von Einspritzdüsen 25
      2.4.5 Theoretische Überlegungen zum Einspritzvorgang 26
3 Versuchsaufbau 27
   3.1 Entwicklung und Auslegung eines Einzylinder-Forschungsmotors 27
      3.1.1 Randbedingungen und Zielsetzung 27
      3.1.2 Motor-Grundkonzept für den Forschungseinsatz 28
      3.1.3 Bauteilauslegung für 300 bar Brennraumspitzendruck 30
      3.1.4 Maßnahmen für einen ruhigen Motorlauf trotz hoher Motorbelastungen 41
      3.1.5 Gassystem mit Aufladung und Abgasrückführung 50
      3.1.6 Optischer Zugang zum Brennraum für hohe Zylinderdrücke 52
   3.2 Entwicklung und Auslegung einer Brennraum-Entnahmesonde 59
      3.2.1 Zielsetzung und Randbedingungen 59
      3.2.2 Grenzen herkömmlicher Gasentnahmeventile 60
      3.2.3 In den Brennraum einschießende Entnahmesonde 60
      3.2.4 Simulation 67
      3.2.5 Erprobung und Simulationsvalidierung 69
   3.3 Messtechnik 72

3.3.1 Verwendetes Indiziersystem 72
3.3.2 Eingesetzte Abgasmesstechnik 73
3.3.3 Eingesetzte Analyseverfahren für Ruß und Partikel 73
3.4 Verwendeter Kraftstoff 75
4 Untersuchung des Emissionseinflusses von Brennverfahrensparametern 76
4.1 Verbrennungsluftverhältnis 76
4.1.1 Versuchsergebnisse 76
4.1.2 Formelmäßige Zusammenhänge 77
4.2 Abgasrückführung 80
5 Untersuchung des Einflusses von Einspritzparametern auf die Emission 82
5.1 Einspritzzeitpunkt und Verbrennungsschwerpunkt 82
5.2 Einspritzgesetz 84
5.2.1 Voreinspritzung 85
5.2.2 Haupteinspritzung 85
5.2.3 Nacheinspritzung 85
5.2.4 Verwendete Einspritzstrategie 86
5.3 Untersuchungen zu Einspritzdruck und Spritzloch-Geometrie 87
5.3.1 Untersuchung des Emissionsverhaltens einer Serien-Einspritzdüse bei extremen Einspritzdrücken 87
5.3.2 Optimierung und Untersuchung von Spritzlochgeometrien für extreme Einspritzdrücke 93
5.3.3 Emissionsverhalten von Düsen mit unterschiedlicher Spritzlochgeometrie 101
5.4 Wirkungsgradbetrachtung - Leistungsbedarf für Kraftstoffverdichtung 116
6 Niedrigstemissions-Applikation im Kennfeld 120
7 Untersuchungen zur Rußbildung während der Verbrennung 127
7.1 Analysemethoden für Ruße 127
7.1.1 Hochauflösende Transmissionselektronenmikroskopie (HRTEM) 127
7.1.2 Elektron-Energieverlust-Spektroskopie (EELS) 128
7.2 Charakterisierungsverfahren für Ruße auf Basis von TEM-Bildern 129
7.2.1 Mittlerer Partikeldurchmesser 129
7.2.2 Fraktale Dimension 129
7.3 Analyse von Rußproben aus dem Brennraum eines Dieselmotors 132
7.3.1 Entnahmeverfahren 132

7.3.2	Motorbetriebspunkt während der Brennraumentnahmen	133
7.3.3	Entnahmezeiten	133
7.3.4	Rußproben kurz vor Brennbeginn entnommen	134
7.3.5	Rußprobe 1 °KW nach Brennbeginn entnommen	135
7.3.6	Rußprobe 6 °KW nach Brennbeginn entnommen	137
7.3.7	Rußprobe 7 °KW nach Brennbeginn entnommen	139
7.3.8	Rußprobe 9 °KW nach Brennbeginn entnommen	141
7.3.9	Rußprobe 18 °KW nach Brennbeginn entnommen	143
7.3.10	Rußprobe 23 °KW nach Brennbeginn entnommen	145
7.3.11	Rußprobe 27 °KW nach Brennbeginn entnommen	147
7.3.12	Rußprobe 47 °KW nach Brennbeginn entnommen	148
7.3.13	Rußprobe ca. 120 °KW nach Brennbeginn im Abgasstrom entnommen	150
7.3.14	Bildung, Wachstum und Oxidation von Rußpartikeln	152
7.3.15	Veränderung der Bindungszustände des Kohlenstoffs in Rußpartikeln	152
7.3.16	Veränderung der Struktur von Rußagglomeraten	153
7.3.17	Reproduzierbarkeit von Gasentnahmen aus dem Brennraum	154
7.3.18	Bestätigung von Rußbildungshypothesen	154
7.4	Analyse von Rußproben aus dem Abgasstrom eines Dieselmotors	155
7.4.1	Zusammenhang zwischen Einspritzdruck und Rußmorphologie	155
7.4.2	Zusammenhang zwischen Verbrennungsschwerpunkt und Rußmorphologie	159
7.4.3	Zusammenhang zwischen Ladedruck und Rußmorphologie	160
8	Zusammenfassung	164
9	Literatur und Quellenverzeichnis	166

Abkürzungen, Formelzeichen und Einheiten

AGR	Abgasrückführrate, Abgasrückführung	-
b	Breite	m
b_i	Kraftstoffverbrauch indiziert	g/kWh
d	Durchmesser	m
d_{SP}	Spritzlochdurchmesser (am Austritt)	R_{oE}
EELS	Elektronenenergieverlustspektroskopie	-
[F]	Kraftvektor	N
GFH	Fa. GFH GmbH Deggendorf	-
H	Wasserstoff	-
HC	Unverbrannte Kohlenwasserstoffe	-
HE	Verrundungsgrad bei HER-Verfahren	%
HRTEM	Hochauflösende Transmissionselektronenmikroskopie	-
IMC	Institut für Mikrocharakterisierung, Univers. Erlangen	-
K	Dämpfungskonstante	Ns/m
[K]	Steifigkeitsmatrix	N/m
l	Länge	m
L_{min}	Luftbedarf	-
LVK	Lehrstuhl für Verbrennungskraftmaschinen	-
m	Masse	kg
m_B	Masse Brennstoff	kg
n	Drehzahl	U/min
N	Stickstoff	-
nBB	nach Brennbeginn	-
NO_x	Stickoxidemission	g/kWh
O	Sauerstoff	-
p	Druck	$bar\,(abs.)$
p_e	Einspritzdruck	bar
p_E	Einspritzdruck	$bar\,(abs.)$
p_{me}	effektiver Mitteldruck	bar
p_{mi}	indizierter Mitteldruck	bar
p_t	Totaldruck	bar
P_i	Leistung indiziert	KW
P_P	Leistung für Pumpenantrieb	W
P_V	Leistung für Verdichtung	W
p_{Zyl}	Zylinderdruck	$bar\,(abs.)$
PAK	Polyzyklisch aromatische Kohlenwasserstoffe	-
PM	Partikel, Partikelemission	-

Q_B	Wärme aus Verbrennung	J
r	Radius	m
R_{oE}	Oberer Spritzlochverrundungsradius	μm
SCR	Selektive katalytische Reaktion	-
So	Sommerfeldzahl	-
T_{mittel}	Massenmitteltemperatur	$°C$
$[u]$	Verschiebungsvektor	m
V	Volumen	m^3
V_1	Volumen vor Prozess	m^3
V_2	Volumen nach Prozess	m^3
V_B	Volumen Brennstoff	m^3
V_c	Kompressionsvolumen	m^3
VSP	Schwerpunkt der Verbrennung	°
W_V	Arbeit für Verdichtung	J
X_{AGR}	Abgasrückführrate	V_1
η_P	Wirkungsgrad Radialkolbenpumpe	%
η_S	Wirkungsgrad Stirnradstufe	%
ρ_B	Dichte Brennstoff	kg/m^3
α	Formzahl	-
α	Winkel	rad
η	Wirkungsgrad	%
λ	Verbrennungs-Luft-Verhältnis oder Kurbelverhältnis	-
ρ	Dichte	kg/m^3
ψ	Relatives Lagerspiel	-
ω	Winkelfrequenz	rad/s
v	Geschwindigkeit	m/s
ε	Verdichtungsverhältnis	-
κ	Isentropenexponent	-
φ	Grad Kurbelwinkel	°
$°KW$	Grad Kurbelwinkel	°

1 Einleitung und Ziel der Forschungsarbeiten

Mit der Erfindung des Dieselmotors durch Rudolf Diesel im Jahre 1892 war ein neues Arbeitsverfahren für Verbrennungskraftmaschinen geboren. Gegenüber einem Ottobrennverfahren zeichnet sich das damals neue Dieselbrennverfahren durch eine Initiierung der Verbrennung durch die Einspritzung von Kraftstoff in vorher verdichtete Luft aus.

Der Dieselmotor erfreut sich heute großer Verbreitung in Mobil- und Stationäranwendungen. Das Einsatzspektrum reicht dabei von Kleindieseln zum Antrieb von Arbeitsgeräten bis hin zu Motoren in der Größe eines Hauses zum Antrieb von Schiffen und Kraftwerken.

All diesen Dieselmotoren ist ein prozessbedingt höherer Wirkungsgrad als bei Ottomotoren gemein. Jedoch bringt die heterogene Verbrennung beim Dieselbrennverfahren in Verbindung mit hohen Drücken während der Verbrennung eine charakteristische Neigung zur Emission von Ruß und Stickoxiden mit sich. Während Ruß ein Produkt unvollständiger Kraftstoffverbrennung ist, bilden sich durch hohe Drücke und Temperatur bei der Dieselverbrennung Verbindungen aus Sauerstoff und Stickstoff, die sogenannten Stickoxide.

Beide Emissionskomponenten bedeuten eine Belastung für Mensch und Natur. Um diese Belastung möglichst gering zu halten, schreibt der Gesetzgeber Emissionsvorschriften für neu auf den Markt gebrachte Motoren vor. Allen Emissionsgesetzgebungen (z.B. Tier, TA Luft, EURO etc.) ist eine klare Tendenz zu immer geringeren Schadstoffgrenzwerten gemein.

Die entsprechenden Emissionsgrenzwerte können sowohl durch das Brennverfahren als auch durch eine Abgasreinigung erreicht werden. Ziel dieser Arbeit ist die Entwicklung und Untersuchung eines Brennverfahrens, das ohne jede Abgasnachbehandlung, rein innermotorisch Niedrigstemissionen, wie diese beispielsweise zur Einhaltung der für 2013 geplanten EURO VI Abgasnorm erforderlich sind, realisiert.

Bei den Forschungsarbeiten für ein neues Niedrigstemissions-Brennverfahren steht hierbei optimierte Hochdruck-Common-Rail-Einspritzung mit Drücken von 3000 bar, Hochdruck-Aufladung von bis zu 8 bar Ladedruck, Hoch-Abgasrückführung mit Abgasrückführraten von bis zu 50% in Kombination mit einer optimierten Prozessführung im Vordergrund. Diese Arbeit behandelt Untersuchungen und deren Ergebnisse zur Realisierung eines Niedrigstemissions Brennverfahrens mit den genannten Extremparametern.

Die Untersuchungen wurden an einem ebenfalls im Rahmen dieser Arbeit entwickelten Einzylinder-Forschungsmotor durchgeführt. Besonderheiten des für Forschungszwecke geschaffenen, neuen Motors werden ebenfalls behandelt. Die Arbeit beschäftigt sich ferner mit einer zur schnellen Entnahme von Brennraumproben aus dem laufenden Forschungsmotor entwickelten Entnahmesonde, deren Entnahmeverfahren bisher einzigartig ist. Es werden Ergebnisse einer Reihe von Rußproben, die mit der Sonde aus dem Brennraum entnommen wurden, vorgestellt. Die Ergebnisse zeigen die Bildung und Nachoxidation von Ruß während des Arbeitsprozesses.

2 STAND DER TECHNIK

Zu Beginn wird in folgenden Kapiteln ein Überblick über den Stand der Technik gegeben.

2.1 EMISSIONSVORSCHRIFTEN

Mit dem Ziel, Schadstoffbelastung für Mensch und Umwelt nachhaltig zu reduzieren, wurden in den letzten Jahrzehnten die Grenzwerte für emittierte Schadstoffe drastisch gesenkt. Nachfolgende Grafik verdeutlicht, ausgehend von der 1992 in Kraft getretenen Euro I Abgasnorm, die Absenkung der Grenzwerte für die Emission von Stickoxiden, Partikeln, unverbrannten Kohlenwasserstoffen und Kohlenmonoxid bis hin zur EURO VI Norm, mit deren Einführung im Jahr 2013 gerechnet wird.

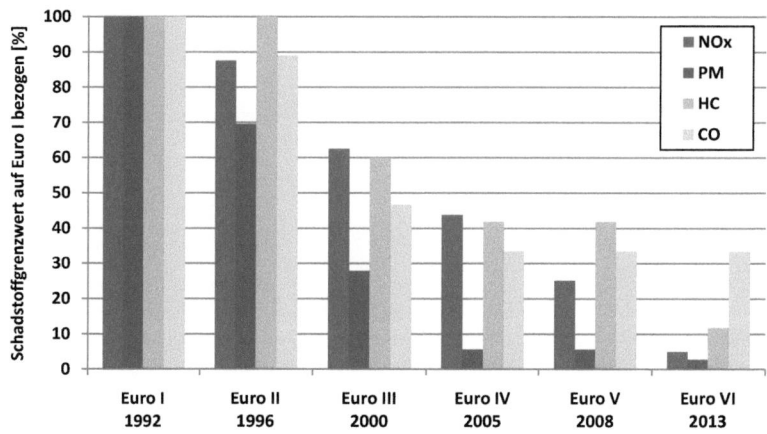

Abbildung 1: Emissionsgrenzwerte bezogen auf EURO I Norm [DIE2010]

Im Rahmen des dieser Arbeit zu Grunde liegenden Forschungsprojekts wurden Möglichkeiten einer rein innermotorischen Einhaltung der EURO VI Grenzwerte für EU-Nutzfahrzeuge untersucht. Die entsprechenden EURO VI Grenzwerte für die einzelnen Abgaskomponenten sind in folgender Tabelle zusammengestellt.

Emissionskomponente	EURO VI Grenzwert (Zyklus: ESC und ELR)
Stickoxide (NO_x)	0,4 g/KWh
Partikel (PM)	10 mg/kWh
Unverbrannte Kohlenwasserstoffe (HC)	0,13 g/kWh
Kohlenmonoxid (CO)	1,5 g/kWh

Tabelle 1: EURO VI Emissionsgrenzwerte

2.2 Emissionsentstehung in Dieselmotoren

Unter optimalen Reaktionsbedingungen würden Kohlenwasserstoffe lediglich zu Kohlendioxid (CO_2) und Wasser (H_2O) verbrannt. Bei Verbrennungskraftmaschinen führen dagegen prinzipbedingt kurze Reaktionszeiten und eine eingeschränkte Gemischbildung zu unvollständigen Reaktionen sowie unerwünschten Nebenreaktionen. Hierbei werden Schadstoffe wie Kohlenmonoxid (CO), un- und teilverbrannte Kraftstoffe (HC) sowie Partikel (PM) gebildet.

Gegenüber Ottomotoren spielt bei direkteinspritzenden Dieselmotoren die Emission von Kohlenmonoxid lediglich eine untergeordnete Rolle. Im Vordergrund steht der unter dem Begriff „Trade-Off" bekannte Zielkonflikt der parallelen Emissionsreduzierung von Partikeln und Stickoxiden.

Für eine Minimierung einzelner Emissionskomponenten ist detailliertes Wissen über deren Bildung erforderlich. Die folgenden Kapitel geben hierzu nähere Informationen.

2.2.1 Bildung von Stickoxiden

Die Reaktion von eigentlich reaktionsträgem Stickstoff mit Sauerstoff läuft endotherm ab und liefert als Edukt Stickstoffmonoxid.

$$N_2 + O_2 \Leftrightarrow 2NO \qquad (2.1)$$

Hohe Temperaturen während der Reaktion verschieben hierbei das Reaktionsgleichgewicht nach „rechts", auf die Seite der ungewünschten Emissionskomponente Stickoxid.

Neben Stickstoffmonoxid (NO) entsteht in geringen Mengen auch Distickstoffmonoxid (N_2O) und Stickstoffdioxid (NO_2). Alle drei Komponenten werden unter dem Begriff Stickoxide (NO_x) zusammengefasst und durch die entsprechenden Abgasnormen limitiert.

Die Bildung von Stickoxiden läuft maßgeblich nach drei Reaktionsmechanismen ab.

Thermisches NO

Der größte Anteil emittierten Stickoxids entsteht als sogenanntes *Thermisches NO*. Der erweiterte Zeldovich-Mechanismus [ZEL1946] beschreibt hierbei die zu Grunde liegenden Gleichgewichtsreaktionen wie folgt.

$$N_2 + O \Leftrightarrow NO + N \qquad (2.2)$$

$$N + O_2 \Leftrightarrow NO + O \qquad (2.3)$$

$$N + OH \Leftrightarrow NO + H \qquad (2.4)$$

Ab Temperaturen von ca. 2200 K löst sich die Dreifachbindung der N_2-Moleküle, was die Grundlage für die Bildung von Thermischem NO ist. Aufgrund der verhältnismäßig kurzen Verweildauer des Gases im Brennraum stellt sich kein vollständiger Gleichgewichtszustand gemäß obiger Gleichungen ein. Es wird davon ausgegangen, dass zwischen 80 und 90% der in direkteinspritzenden Dieselmotoren gebildeten Stickoxide über den Zeldovich-Mechanismus gebildet werden.

Die Senkung der Brennraumtemperatur und die Reduzierung des Sauerstoffpartialdrucks durch eine Erhöhung der AGR sind hierbei wirksame Maßnahmen zur Emissionsminderung.

Promptes NO

Promptes NO entsteht nach C. P. Fenimore bereits bei niedrigen Temperaturen (ab ca. 1000 K) aus Luftstickstoff [FEN1979]. Hierbei spielt die Bildung des Radikals CH eine maßgebliche Rolle. CH bildet mit Luftstickstoff Blausäure (HCN), die wiederum zu Stickstoffmonoxid (NO) weiterreagiert. Es wird davon ausgegangen, dass zwischen 5 und 20 % der in direkteinspritzenden Dieselmotoren gebildeten Stickoxide als Promptes NO gebildet werden.

Brennstoff NO

Darüber hinaus kann Stickoxid aus im Kraftstoff gebundenem Stickstoff über die Zwischenstufen Ammoniak (NH_3) und Blausäure (HCN) gebildet werden. Es wird in diesem Fall von *Brennstoff NO* gesprochen. Aufgrund entsprechend hoher Reinheit heutiger Kraftstoffe spielt dieser Bildungsweg eine stark untergeordnete Rolle.

2.2.2 BILDUNG VON UNVERBRANNTEN KOHLENWASSERSTOFFEN

Die Emission von unverbrannten Kohlenwasserstoffen resultiert aus Blow-By Gasen, die zwischen Kolbenringen und Zylinderwand entweichen sowie maßgeblich aus einer durch den sogenannten Quench-Effekt hervorgerufenen, unvollständigen Verbrennung. Hierbei kommt es in wandnahen Bereichen des Brennraums zum Ablöschen der Flamme. Besonders Quetschkanten wie beispielsweise der Feuersteg sind hier zu nennen.

Unverbrannte Kohlenwasserstoffe können im Auslass sowohl gasförmig als auch kondensiert in Erscheinung treten. Kondensieren unverbrannte Kraftstoffe auf Rußpartikeln steigt parallel die emittierte Partikelemission (Masse abgeschiedener Partikel). Sollen Niedrigstemissionen im Bereich von EURO VI eingehalten werden, ist dieser Effekt nicht zu vernachlässigen.

2.2.3 RUßBILDUNG WÄHREND DER DIESELMOTORISCHEN VERBRENNUNG

Die heterogen ablaufende dieselmotorische Verbrennung führt zur Bildung von Ruß und Partikeln, die maßgeblich im sauerstoffarmen Bereich der Verbrennungszone entstehen. Hohe Drücke und Temperaturen im Brennraum fördern ein Cracken der Kohlenwasserstoffe, was die Brenngeschwindigkeit senkt und zu einer die Rußbildung verursachenden, unvollständigen Verbrennung führt [WA2009]. Typische Bildungstemperaturen für Ruß liegen bei 1200 °K bis 2000 °K.

2.2.3.1 Zusammensetzung von Rußpartikeln

Während unter Ruß der elementare Kohlenstoff an der emittierten Partikelemission verstanden wird, ist die Partikelemission über die Massenzunahme eines definiert beladenen und anschließend getrockneten Abgasfilters mit entsprechender Feinheit definiert. Der Rußgehalt an der Partikelmasse kann erheblich variieren, liegt üblicherweise jedoch in einem Bereich von 20 - 80% Massenanteil. Rußpartikel setzen sich darüber hinaus aus einer Vielzahl von Bestandteilen zusammen.

Neben elementarem Kohlenstoff dominieren Schwefelsäure, Wasser, Ölasche, Reste und Kohlenwasserstoffe als Bestandteile von Partikeln (vgl. Abbildung 2).

Abbildung 2: Zusammensetzung Partikelemission [ROT2006]

Die Zusammensetzung von Partikeln variiert erheblich und ist von etlichen Faktoren abhängig. So wirkt sich der Schwefelgehalt des Kraftstoffs auf den Anteil an Schwefelsäure bzw. schwefeliger Säure aus. Das zum Einsatz kommende Motoröl sowie dessen Additivierung beeinflussen abhängig von der Öldichtwirkung und Ölabstreifwirkung des Kolbenringpakets den Gehalt an Asche. Der Anteil an Kohlenwasserstoffen ist maßgeblich abhängig von Brennverfahren, Einspritzung, evtl. Kraftstoff-Wandauftrag und Gemischbildung.

Im Hinblick auf zukünftige Emissionsgrenzwerte, wie beispielsweise dem EURO VI-Grenzwert für Partikel von 10 mg/kWh, muss neben der Minderung von Ruß als elementarem Kohlenstoff ebenfalls Augenmerk auf die weiteren Bestandteile von Partikeln gelegt werden. Aufgrund des sehr niedrigen Grenzwerts besteht die Möglichkeit, dass allein die Emission des nicht-Ruß-Anteils an den Partikeln den Grenzwert überschreitet.

2.2.3.2 Rußbildungshypothesen

Die Bildungsmechanismen von Ruß während der dieselmotorischen Verbrennung werden zum gegenwärtigen Zeitpunkt in zwei verbreiteten Rußbildungshypothesen beschrieben.

2.2.3.2.1 Acetylenhypothese

Die Acetylenhypothese geht für die Rußbildung von einem Mechanismus der Abspaltung aliphatischer Kohlenwasserstoffe und der anschließenden Rekombination der entstandenen Bruchstücke unter teilweiser Dehydrierung zu chemisch stabileren Einheiten aus. (vgl. Abbildung 3) Als Basis wirkt Acetylen, das neben Methylen-, Ethylen und Propylen-Radikalen während der Verbrennung durch Pyrolyse aliphatischer Kohlenwasserstoffe entsteht [WAR2001].

Ausgehend von einer Dimerisierung des Acetylens zu Butadiin werden durch Polymerisation und Ringschluß von Acetylen polyzyklische aromatische Kohlenwasserstoffe (PAK) gebildet. Weitere Anlagerung von Acetylen führt zu größeren, stabileren Molekülen.

Insbesondere langkettige Kohlenwasserstoffe können trotz Pyrolyse und Dehydrierung auf direktem Weg zu monolytischen Verbindungen, aus denen sich anschließend PAK bilden, umstrukturiert werden. Im Flammenkern setzt sich die PAK-Bildung fort, wobei die Häufigkeit von Benzolringen mit zunehmender Entfernung vom Zentrum der Flamme zunimmt [WEN2006]. Weitere Addition von Acetylen führt zu einem Anstieg des Kohlenstoffanteils auf Kosten des Wasserstoffanteils an den PAK. Es entstehen schließlich graphitähnliche Teilchen mit einem Durchmesser von 1 bis 10 nm, aus denen sich nachfolgend Primärpartikel bilden [ROT2006].

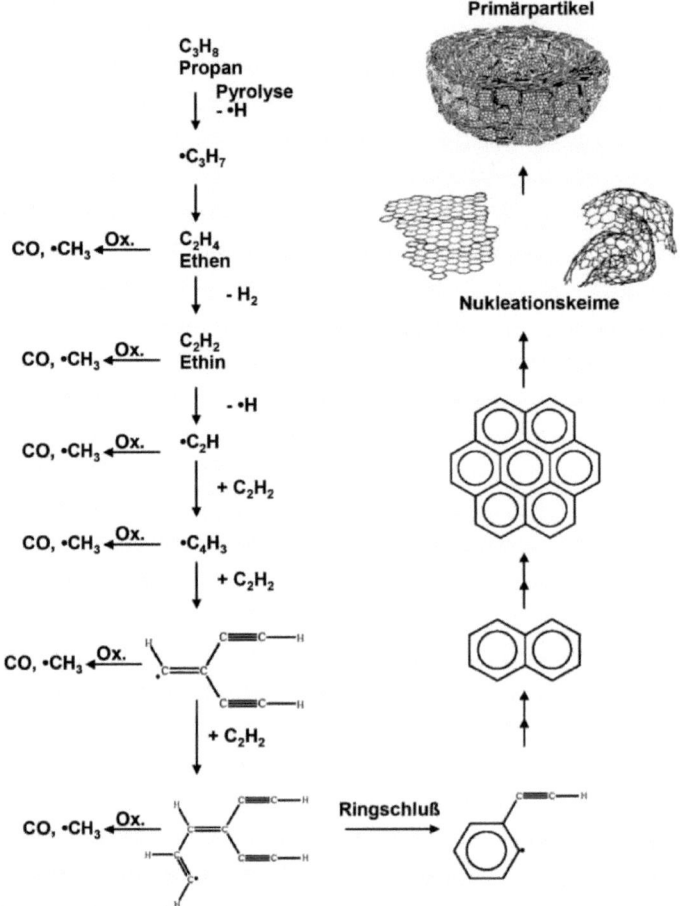

Abbildung 3: Rußbildung nach der Acetylenhypothese [KNA2009]

2.2.3.2.2 Elementarkohlenstoffhypothese (diffusionskontrolliert)

Die Elementarkohlenstoffhypothese basiert auf der Vorstellung einer maßgeblich von Diffusion kontrollierten Rußbildung [BOCK1994]. Sie berücksichtigt den zeitlichen Verlauf der Rußbildung. Abbildung 4 stellt die Vorgänge der Rußbildung und Partikel-Koagulation schematisch dar.

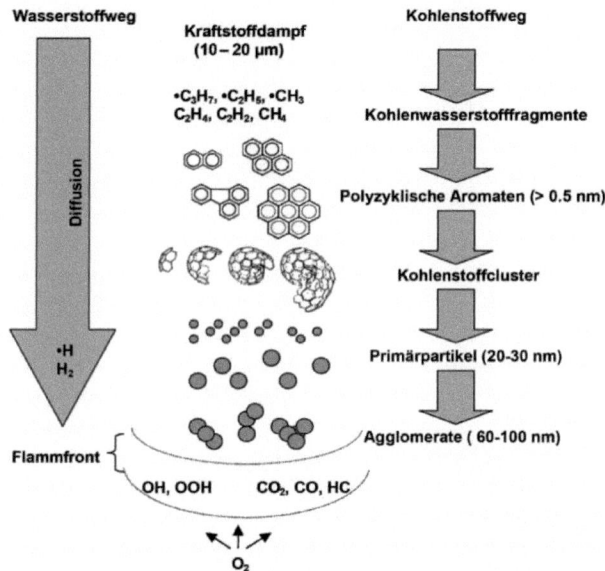

Abbildung 4: Rußbildung nach der Elementarkohlenstoffhypothese [KNA2009]

Konzentrationsgradienten zwischen den verschiedenen Spezies in Brennstoffgemisch und Luft führen zu Diffusionsvorgängen, die abhängig von der jeweiligen Spezies bei unterschiedlichen Geschwindigkeiten vom Brennstoffgemisch in Richtung Luft ablaufen. Entsprechend beeinflussen die unterschiedlichen Diffusionsgeschwindigkeiten die Reaktion zwischen Sauerstoff und den Spezies.

Der Wasserstoff kann aufgrund eines höheren Diffusionskoeffizienten in der gleichen Zeit größere Distanzen zurücklegen als die für die Rußbildung relevanten Spezies Acetylen, Polyacetylen und polyzyklische aromatische Kohlenwasserstoffe.

Folglich wird im Brennstoffgemisch enthaltener Sauerstoff maßgeblich für die Oxidation des Wasserstoffs aufgebraucht. Die während dieser exothermen Reaktion freiwerdende Wärme erhöht die Temperatur des Brennstoffgemisches und beschleunigt Pyrolyse und Dehydrierung der Kohlenwasserstoffspezies. Die Sauerstoffkonzentration in der Flammenfront geht, aufgrund des mengenmäßig dominierenden Wasserstoffs, gegen Null. Dieser Sauerstoffmangel führt zu eingeschränkten Oxidationsmöglichkeiten für die Kohlenwasserstoffe im Brennstoffgemisch und fördert so Reaktionen der Kohlenwasserstoffspezies untereinander. Es entstehen dabei ungesättigte Kohlenwasserstoffe und daraus anschließend PAK. Aufgrund zunehmender Masse sinkt das Diffusionsvermögen dieser. Häufige Zusammenstöße führen schließlich zur zügigen Bildung von Rußteilchen.

Koagulation von PAK unter Dehydrierung führt zur Bildung von Kohlenstoff-Fragmenten, die als Wachstumszentren der Primärpartikel angesehen werden können. Zusammen mit anderen Kohlenwasserstoffspezies entfernen sich diese von der Oberfläche der Brennstofftröpfchen, womit das Wachstum der einzelnen Kohlenstoff-Fragmente zum Stillstand kommt.

Die Größe der gebildeten Primärpartikel ist abhängig von der Häufigkeit, mit der die einzelnen Teilchen zusammengestoßen sind, und der anfänglichen Konzentration der verdampften Kohlenwasserstoffspezies im Brennstoff.

2.2.3.3 Struktur von Rußpartikeln

Primärpartikel mit einem Durchmesser von 10 – 40 nm koagulieren und agglomerieren zu Rußagglomeraten (vgl. Abbildung 5), die sowohl als kompakte sowie als verzweigte Agglomerate im Abgas zu finden sind. Das Zusammenspiel aus van-der-Waals'schen, elektrostatischen und Oberflächenspannungs-Kräften bewirkt maßgeblich den Zusammenhalt der Primärpartikel in einem Agglomerat [ROT2006].

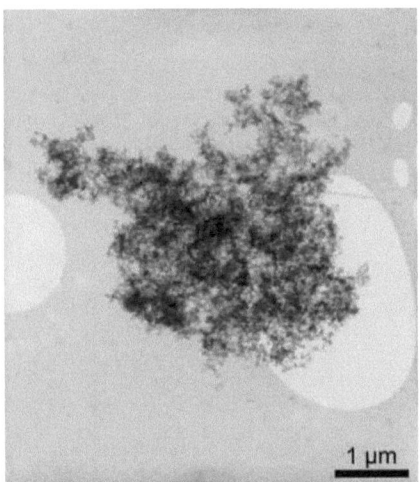

Abbildung 5: TEM-Aufnahme eines im Abgasstrom entnommenen Rußagglomerats [MAC2009d]

Rußpartikel, die während der dieselmotorischen Verbrennung gebildet werden, bestehen aus zahlreichen kugelförmigen Kohlenstoffpartikeln, den sogenannten Primärpartikeln. Aus chemischer

Sicht sind Rußpartikel eine Art von unvollkommenem Graphit. Ihre innere Struktur ist maßgeblich von graphitischem Kohlenstoff bestimmt. Sie bestehen aus kleinen Kristallpaketen mit einem Durchmesser von ca. 2 nm und einer Dicke von 1 bis 1,5 nm (vgl. Abbildung 6).

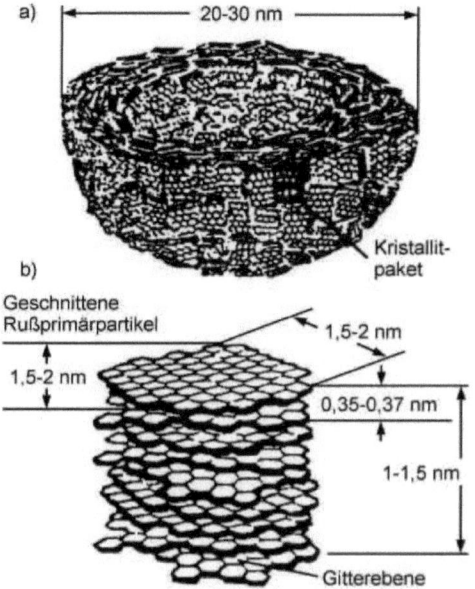

Abbildung 6: Aufbau eines Primärpartikels (a), Aufbau eines Kristallpakets (b) [KNA2009]

2.3 EMISSIONSMINDERUNG IN VERBRENNUNGSKRAFTMASCHINEN

An einen modernen, guten Verbrennungsmotor wird die Aufgabe gestellt, den Kraftstoff möglichst wirkungsgradoptimal und unter Bildung minimaler Emission zu verbrennen. Die hierfür erforderlichen, geringen Emissionswerte sind entweder innermotorisch durch eine sehr „sauber" ablaufende Verbrennung oder außermotorisch durch eine Abgasreinigung erreichbar.

2.3.1 EMISSIONSMINDERUNG AUßERMOTORISCH

Werden allein durch die Verbrennung keine ausreichend geringen Emissionswerte erzielt, können im Abgastrakt nachgeschaltet Abgasreinigungssysteme eingesetzt werden. Nachgeschaltete Systeme sind im Bereich der außermotorischen Emissionsminderung einzuordnen. Auch wenn sich die Untersuchungen dieser Arbeit auf innermotorische Emissionsminderung konzentrieren, werden nachfolgend als Alternativen verbreitete Abgasnachbehandlungssysteme vorgestellt.

2.3.1.1 Selective Catalytic Reaction zur Stickoxidreduzierung

Ein sogenanntes SCR-System (Selective Catalytic Reduction) eignet sich bei Dieselmotoren gut zur außermotorischen Reduzierung von Stickoxiden. Hierbei wird Stickoxid in einem Katalysator (R-Katalysator) mit Ammoniak (Harnstofflösung, NH_3) bei vorhandenem Restsauerstoff oxidiert.

$$2\ NH_3 + 2\ NO + {}^1\!/_2\ O_2 \Rightarrow 2\ N_2 + 3\ H_2O \qquad (2.5)$$

Die selektive katalytische Reduktion von NO_2 erfolgt schneller als die von NO.

$$2\ NH_3 + NO + NO_2 \Rightarrow 2\ N_2 + 3\ H_2O \qquad (2.6)$$

Ein dem Reduktionskatalysator vorgeschalteter Oxidationskatalysator (V-Kat) kann dazu genutzt werden, NO zu NO_2 zu oxidieren. Der hierbei zu Ungunsten von NO ansteigende Anteil an NO_2 beschleunigt den Reduktionsvorgang des Stickoxids im Reduktionskatalysator.

Gerade bei instationärem Motorbetrieb steigt das Risiko einer nicht exakten Dosierung der Harnstofflösung mit der Folge eines sogenannten Ammoniakschlupfs. Dieser überschüssige Ammoniak kann durch das Nachschalten eines Oxidationskatalysators (O-Katalysator) oxidiert werden [JAC2000].

$$2\ NH_3 + 1\ {}^1\!/_2\ O_2 \Rightarrow N_2 + 3\ H_2O \qquad (2.7)$$

Abbildung 7 zeigt ein SCR-System mit Ammoniakzumessung (H), einem vorgeschalteten Oxidationskatalysator (V) zur NO-Oxidation, einem Reduktionskatalysator (R) zur Stickoxidreduktion und einem nachgeschalteten Oxidationskatalysator (O) zur Beseitigung eines eventuellen Ammoniakschlupfs.

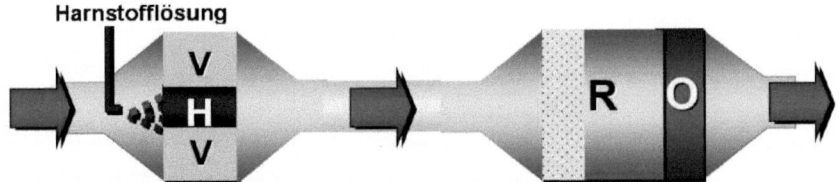

Abbildung 7: SCR-System zur Reduzierung von Stickoxiden [JAC2000]

Es wird daran gearbeitet, die Zumessung der Harnstofflösung so exakt zu dosieren, dass auf einen nachgeschalteten Oxidationskatalysator (O) zur Beseitigung von Ammoniakschlupf verzichtet werden kann.

2.3.1.2 Rußpartikelfilter zur Partikelreduzierung

Durch Filtration können Rußpartikel aus dem Abgas entfernt werden. Hierbei strömt der gesamte Abgasstrom durch einen Filter aus beispielsweise Keramikfasern oder einem Sintermetall. (vgl. Abbildung 8)

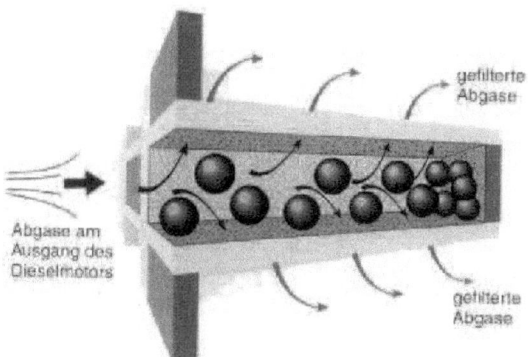

Abbildung 8: Filterprozess von Rußpartikeln schematisch [ROT2006]

In bzw. auf der Filterstruktur bildet sich ein Filterkuchen aus abgeschiedenem Ruß, der die Filterporen verengt und dabei den Abscheidegrad des Partikelfilters auf Werte von 90 – 99 % erhöht [ROT2006]. Gleichzeitig steigt jedoch der Durchströmungswiderstand des Filters, was zu erhöhtem Kraftstoffverbrauch führt.

Der Differenzdruck über einen mit Abgas durchströmten Partikelfilter gibt Hinweis über die Filterbeladung. Ab betriebspunktabhängigen Grenzwerten für den Differenzdruck über den Partikelfilter wird dieser üblicherweise durch eine entsprechende Einspritzstrategie mit der Folge hoher Abgastemperaturen diskontinuierlich regeneriert. Bis zum Aufbau eines neuen Filterkuchens ist dabei mit erhöhter Partikelemission zu rechnen.

2.3.1.3 Offene Partikelfilter zur Partikelreduzierung

Bei offenen Filtersystemen scheiden sich Rußpartikel des Abgasstroms in einer offenen Filterstruktur ab. Filterstruktur und Abscheidemechanismen müssen so harmonieren, dass abgeschiedene Partikel durch aerodynamische Kräfte nicht mit dem vorbeiströmenden Abgas mitgerissen werden.

Diese offenen Filter arbeiten nach dem Prinzip der kontinuierlichen Reaktion von abgeschiedenen Kohlenstoffpartikeln mit Stickstoffdioxid (NO_2). In Betriebszuständen, in denen nicht ausreichend NO_2 für die Oxidation der Partikel vorhanden ist, darf es zu keinem Verstopfen der Filterkanäle kommen. Hierfür sollte die Filterstruktur so beschaffen sein, dass durch Querverbindungen zwischen den einzelnen Filterkanälen Kanalverblockungen mit Partikeln vermieden und eine Homogenisierung der Beladung erreicht werden. Die massen- und anzahlbezogene Abscheideeffizienz offener Systeme ist nach Rothe et al. mit 60 – 90% niedriger als die bei klassischen Systemen. Dafür entfällt eine diskontinuierliche Regenerationsprozedur. Auch die Erhöhung des Abgasgegendrucks und damit die Wirkungsgradeinbuße ist bei einem offenen System geringer als bei einem geschlossenen System [ROT2006].

2.3.1.4 Fazit zu außermotorischen Abgasreinigungssystemen

Durch außermotorische Systeme zur Emissionsminderung kann zwar der Ruß-NO_x-Trade-Off in gewisser Weise umgangen werden, jedoch ist für diese Systeme zum Teil erheblicher Bauraum und eine entsprechende Temperatur der Filter und Katalysatoren erforderlich. Gerade im Winter oder beim Start eines „kalten" Nutzfahrzeugs in der Stadt, in der die Emission besonders gering gehalten werden soll, kann es dazu kommen, dass Light-Off-Temperaturen der Abgasreinigungssysteme erst nach einigen Kilometern Fahrtstrecke erreicht werden. Bis dahin wird das Abgas quasi ungereinigt emittiert.

2.3.2 EMISSIONSMINDERUNG INNERMOTORISCH

Innermotorische Reduzierung von Emission durch ein entsprechend optimiertes Brennverfahren bietet bei höherem Aufwand für beispielsweise Einspritzung, Aufladung und Applikation dagegen einige Vorteile. So wirken innermotorische Maßnahmen bereits ab dem Motorstart und erfordern keine diskontinuierliche Regeneration wie ein Partikelfilter. Im Zusammenhang mit innermotorischer Schadstoffreduzierung sind folgende Maßnahmen zu nennen:

Abgasrückführung (AGR) senkt die Reaktionsgeschwindigkeit im Brennraum und reduziert so die Emission von Stickoxiden. Viele Hersteller setzen derzeit zur Einhaltung der Emissionsstufe EURO V auf Hoch-Abgasrückführung anstelle von SCR-Systemen zur Stickoxidminderung [HEL2009].

Durch Aufladung wird auch bei hohen Abgasrückführraten ausreichend Sauerstoffüberschuß für eine rußarme Verbrennung sichergestellt.

Hochdruck-Einspritzung des Kraftstoffs leistet bei angepasster Geometrie der Einspritzdüsen einen positiven Beitrag zur Gemischbildung im Brennraum. Mit dem Grad an Abgasrückführung steigt der Bedarf an hohem Einspritzdruck zur Optimierung der Gemischbildung [HÖR2007].

Pauer untersuchte den Einfluss und die Korrelation des Parameters Einspritzdruck auf die einzelnen Teilschritte des innermotorischen Arbeitsprozesses bei einem direkteinspritzenden Dieselmotor [PAU2001]. Ergebnis seiner Arbeiten ist, dass aus Sicht der Gemischbildung für das Potenzial von Einspritzdrucksteigerungen kein Ende zu erkennen ist.

Eine optimierte Einspritzstrategie erlaubt eine Aufteilung der Einspritzmenge auf Teileinspritzungen, wodurch ein Teil der Einspritzmenge homogen verbrannt werden kann und zudem das Laufgeräusch eines Motors sehr positiv beeinflusst werden kann.

Im Fokus dieser Arbeit stehen innermotorische Maßnahmen zur Emissionsminderung.

2.4 COMMON RAIL EINSPRITZTECHNIK

Im letzten Jahrzehnt war die Common Rail Einspritztechnik stetig auf dem Vormarsch. Sie hat mittlerweile im Bereich der Personenkraftwagen und Nutzfahrzeuge Reiheneinspritzpumpen-Systeme größtenteils abgelöst. Während bei früheren Reiheneinspritz-Systemen die Einspritzdüsen der einzelnen Zylinder von i.A. jeweils einem nockengetriebenen Einspritzkolben mit lediglich mechanischer Einstellung für Spritzbeginn und –dauer versorgt wurden, bieten heutige Common Rail Einspritzsysteme nicht nur durch deren elektrische Ansteuerung vielfachen Spielraum, um die Einspritzung zu timen, zu takten und zu formen.

Diese Flexibilität resultiert aus einem charakteristischen Aufbau heutiger Common Rail Systeme [SCH1993], [EGG1995]. Den Systemen ist eine Speisung über eine zentrale Pumpe gemein (vgl. Abbildung 9). Die meist von der Kurbelwelle angetriebene Pumpe versorgt ein sogenanntes Rail, das als zentraler Druckspeicher dient. Der gewünschte Einspritz- bzw. Raildruck wird je nach System mit Druckregelventilen oder mittels Saugdrossel eingeregelt.

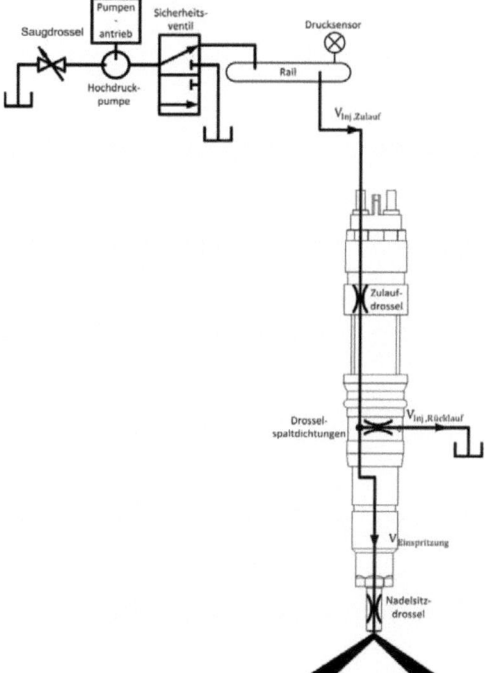

Abbildung 9: Prinzipieller Aufbau eines Common Rail Systems

Beim Einsatz eines Druckregelventils verdichtet die zentrale Einspritzpumpe abhängig von deren Antriebsdrehzahl einen entsprechenden Kraftstoff-Volumenstrom. Für die Einspritzung nicht erforderlicher Kraftstoff wird über ein Druckregelventil abgedrosselt. Die dabei frei werdende Wärme führt zur Aufheizung des Kraftstoffs. Ab Drücken von ca. 2000 bis 2200 bar können dabei Dampfblasen im Rücklauf entstehen. Gelangen diese Dampfblasen vor der Kondensation in Ventile oder die Hochdruckpumpe, können Probleme auftreten. Darüber hinaus geht durch Abdrosseln des hochverdichteten Kraftstoffs Energie verloren. Kraftstoffverbrauch und CO_2-Emission steigen dabei an.

Anstatt den Raildruck mittels eines Druckregelventils zu regeln, werden heutzutage vermehrt Saugdrosseln zur Regelung eingesetzt. Diese sind in Durchflussrichtung vor der Hochdruckpumpe angeordnet (vgl. Abbildung 9). Je nach Öffnungsgrad reduzieren sie die von der Hochdruckpumpe verdichtete Menge an Kraftstoff bedarfsgerecht. Durch die Androsselung der Pumpen-Saugseite wird der Pumpenzylinder beim Saughub mit Kraftstoff in flüssiger und dampfförmiger Phase gefüllt. Hierbei wird genau so viel Kraftstoff verdichtet, wie durch Einspritzungen und Leckströme abfließt. Gegenüber Druckregelungen mit Druckregelventilen sinkt der Leistungsbedarf der Hochdruckpumpe bedarfsgerecht.

Das üblicherweise zylindernah angebrachte Rail ist über kurze, möglichst gleichlange Leitungen mit den Injektoren der einzelnen Zylinder verbunden. Die Injektoren werden vom Motor-Steuergerät elektrisch angesteuert. Die mit Magnet- oder, bei höheren Dynamikanforderungen, Piezo-Aktoren ausgestatteten Injektoren steuern die Einspritzung.

Das Steuerelement wird durch eine Düsennadel dargestellt, die üblicherweise vorne in der Injektordüse über einen Kegelsitz dichtet. Bei Bestromung des Magnet- oder Piezoaktors wird meist hydraulisch unterstützt die Düsennadel aus deren Sitz gehoben und damit die Einspritzung durch Spritzlöcher der Einspritzdüse initiiert (vgl. Abbildung 10).

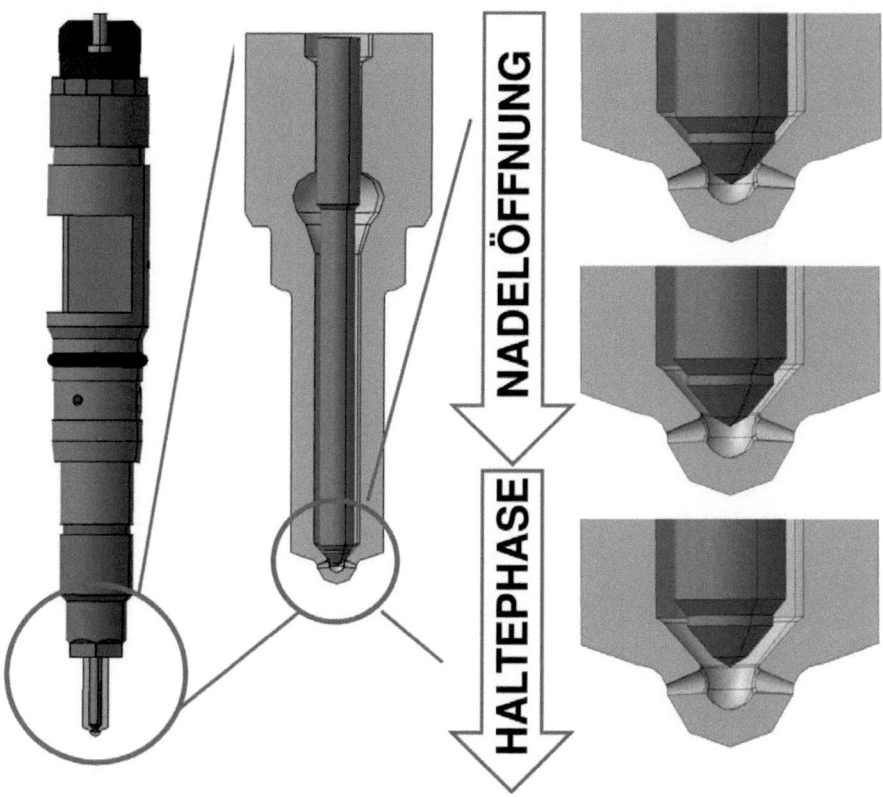

Abbildung 10: v.l.: Injektor, Einspritzdüse, Düsennadelpositionen

Häufig sind diese Spritzlöcher sternförmig in der jeweiligen Einspritzdüse eingebracht. Anordnung, geometrische Ausgestaltung und Oberflächenbeschaffenheit der Spritzlöcher haben einen maßgeblichen Einfluss auf Gemischaufbereitung und folglich Kraftstoffverbrauch sowie Emission des Motors.

Das folgende Kapitel 2.4.1.1.1 „Spritzlochgeometrie von Einspritzdüsen" behandelt entsprechende Geometriespezifikationen von Einspritzdüsen global. Im Kapitel 5.3 Untersuchungen zu Einspritzdruck und Spritzloch-Geometrie wird der Einfluss verschiedener Spritzloch-Geometrien auf Verbrauch und Emission behandelt.

2.4.1.1.1 Spritzlochgeometrie von Einspritzdüsen

Die Kombination aus Einspritzdruck und Spritzlochgeometrie der Einspritzdüsen beeinflusst entscheidend Geschmischbildung, Verbrennung und Emissionsbildung im Zylinder. Ausgehend vom

Einspritzdruck, der gewissermaßen das für die Beschleunigung des Kraftstoffs im Spritzloch mit der sich anschließenden Zerstäubung zur Verfügung stehende Totaldruck-Niveau darstellt, sorgt die geometrische Ausgestaltung der Einspritzdüsen für die Umlenkung und Beschleunigung der Kraftstoffströmung, die ab dem Austritt der Spritzlöcher als Freistrahl in die verdichtete Zylinderladung injiziert wird.

Zur Verbesserung eines Brennverfahrens hinsichtlich Einspritzung bietet sich die Optimierung folgender Düsengeometrie-Parameter unter besonderer Berücksichtigung des Einspritzdruck-Niveaus an (vgl. Abbildung 11):

- Spritzlochanzahl
- Spritzlochwinkel ψ
- Spritzlochdurchmessser d
- Spritzlochverrundung R_{oe} und R_{ue}
- Spritzlochkonizität K

Wobei der K-Faktor über inneren und äußeren Spritzlochdurchmesser definiert ist.

$$K = \frac{d_{innen}[\mu m] - d_{aussen}[\mu m]}{10}$$

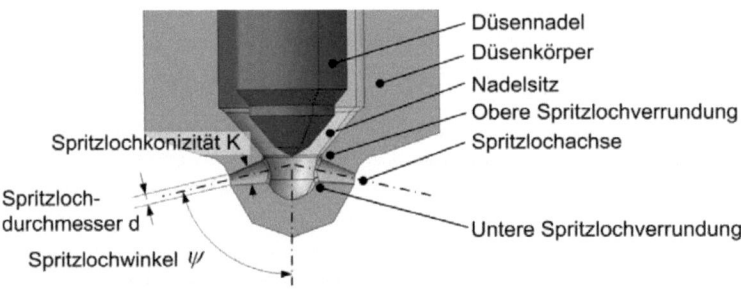

Abbildung 11: Einspritzdüse inkl. Geometrie-Parameter

2.4.2 EDM BOHREN VON SPRITZLÖCHERN

Beim EDM Verfahren werden die Spritzlöcher von außen in den Düsenkörper erodiert. Der Funkenüberschlag zwischen einer Elektrode (Kathode) und dem Düsenkörper-Bauteil (Anode) führt zum Herauslösen des der Elektrode nahekommenden Materials. Die in einem speziellen Bohrkopf (GFH-Bezeichnung: Conical Hole Head) aufgenommene Elektrode taumelt während des Bohrvorgangs um einen außerhalb des Spritzlochs gelegenen Taumelpunkt und ermöglicht so die Fertigung von Spritzlöchern, deren Lochdurchmesser mit steigender Bohrungstiefe wächst. Die entstehende, konische Spritzlochform ist aus strömungstechnischer Sicht zur Kavitations-Unterdrückung wünschenswert und häufig verbreitet bei Einspritzdüsen. Der gesamte EDM-

Bohrprozess wird unter deionisiertem, nichtleitendem Wasser durchgeführt und ist stark von der richtigen Kombination der Prozessparameter Intensität, Frequenz, Dauer, Länge, Spaltbreite und Polung während des Entladungsvorgangs abhängig. Für jedes Spritzloch wird nacheinander der gleiche Bohrvorgang durchgeführt. Am Ende der EDM-Bearbeitung liegt ein Düsenkörper mit allen Spritzlochbohrungen jedoch scharfkantigen Übergängen zwischen Sackloch und Spritzloch-Bohrungen vor.

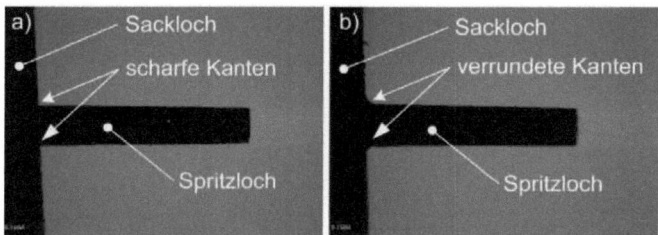

Abbildung 12: Negativabdruck eines Spritzlochs, a) nach EDM-Bearbeitung (unverrundet), b) nach EDM und HEG-Bearbeitung (verrundet)

Beim Einsatz von Düsen mit unverrundeten Spritzlöchern wie in Abbildung 12 a) in Motoren ist mit hoher Kavitationsneigung der Düsen-Innenströmung zu rechnen. Darüber hinaus muss von einem ausgeprägten Alterungsverhalten der Düsen ausgegangen werden, da die hohen Strömungsgeschwindigkeiten im Bereich der scharfen Kanten ein Verrunden dieser im Rahmen eines Strömungs-Schleifprozesses fördern würden. Abhilfe bringt das sogenannte HER Verrunden.

2.4.3 HEG VERRUNDEN VON SPRITZLÖCHERN

Üblicherweise werden Düsen nach erfolgter Bohrbearbeitung hydroerosiv verrundet und damit auch künstlich gealtert, was sich positiv auf das Strömungsverhalten (geringere Kavitationsneigung) in der Düse sowie auf deren Alterungsverhalten auswirkt.

Alle im Rahmen dieser Arbeit untersuchten Düsen wurden nach dem beschriebenen EDM-Bohren in einem HEG-Verfahren hydroerosiv verrundet (vgl. Abbildung 12 b)). Hierbei werden Düsenkörper (ohne Düsennadel) und Spritzlöcher mit einem abrasiven Medium durchströmt, wobei es zu einem Materialabtrag im Bereich der Bohrungseinlaufkante kommt. Abhängig von der Spritzlochgeometrie und dem gewünschten Verrundungsgrad wurden hierzu Schleifkarbide mit angepasster Korngröße und in gewünschter Konzentration in einem Hydrauliköl als Trägermedium unter einem Druck von ca. 100 bar kurzzeitig durch die Düse geleitet.

Da während dieses Verrundens der aktuelle Radius der Spritzlochverrundung nicht gemessen werden kann, werden die Düsen auf einen Zieldurchfluss, der als 100% definiert wird, hin verrundet. Bei diesem Verfahren wird der Grad der Verrundung als Durchflusssteigerung über den Prozess definiert. Eine 15%ige HE-Verrundung würde bedeuten, dass der Durchfluss durch die unverrundete Düse 85% des Durchflusses durch die verrundete Düse beträgt. Allgemein ausgedrückt,

$$\dot{Q}_{ungerundet} = (100\% - HE) * \dot{Q}_{gerundet} \qquad (2.8)$$

Wird die Verrundung bei den für eine Durchflussbestimmung von Einspritzdüsen standardisierten Bedingungen von 100 bar Druck über die Düse und 40°C mit dem entsprechenden Prüföl (V-Oil gemäß Tabelle 2) als Trägerfluid durchgeführt, ist bereits während des Verrundungsvorgangs eine gute Flusskorrelation möglich.

Shell V-Oil 1404	
Ölsorte	Mineralöl
Dichte bei 15 °C	826 kg/m³
Kinematische Viskosität bei 40 °C	2,55 mm²/s
bei 20 °C	3,8 mm²/s

Tabelle 2: Spezifikation von Shell V-Oil

Übliche HE-Verrundungsgrade liegen bei $HE = 10 - 15\%$. Bei richtiger Parameterwahl für den Verrundungsprozess bleiben Konizität und Durchmesser des Spritzlochs während des Fluidschleifens weitgehend unverändert. Lediglich im Einlaufbereich der Düse werden die Kanten verrundet. (vgl. Abbildung 13)

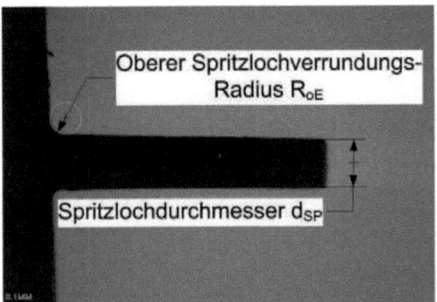

Abbildung 13: Spritzlochmaße eines lediglich im Einlaufbereichs verrundeten Spritzlochs

Bei üblichen Verrundungsgraden wird ein oberer Spritzlochverrundungs-Radius R_{oE} von ca. 20 – 30% des Spritzlochdurchmessers d_{SP} erreicht. Sollen Düsen noch stärker (weicher) verrundet werden, ist abhängig von Düsengeometrie und Prozessparametern bei der Fluidverrundung von einer Veränderung der Spritzlochgeometrie über den Einlaufbereich hinaus auszugehen, wobei sich neben dem Durchmesser des Spritzlochs auch dessen Konizität ändern kann.

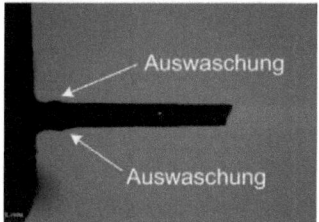

Abbildung 14: Negativabdruck eines Spritzlochs mit Auswaschungen nach HE-Verrundungsvorgang

Wenngleich hohe Verrundungsgrade Emissionsvorteile aufgrund geringerer Kavitationsneigung mit sich bringen können, ist die in diesem Fall eine größere Streubreite im Fertigungsprozess beachten.

2.4.4 Vermessung von Einspritzdüsen

Die zerstörungsfreie Vermessung der Innengeometrie von Einspritzdüsen aus dem Pkw- und Nutzfahrzeugbereich stellt bei Spritzlochdurchmessern von ca. $d_{SP} = 100 - 250 \mu m$ eine große Herausforderung dar.

In vorliegendem Fall wurden bei der Fa. GFH GmbH Deggendorf Negative der Düseninnen-Geometrien mittels eines Negativ-Abdruck-Verfahrens gewonnen und anschließend in einem Auflicht-Mikroskop untersucht. Dabei wird eine elastische Abformmasse so in die Düsen gepresst, dass die Luft in der Düse möglichst vollständig entweicht, um Blaseneinschlüsse in der Abformmasse zu verhindern. Nach dem Aushärten der Abformmasse kann diese vorsichtig aus der Düse gezogen werden. Die Masse ist so elastisch, dass ein Ausformen ohne Beschädigung der dünnen „Spritzloch-Haare" möglich ist.

Anschließend wird der entformte Negativ-Abdruck unter dem Auflichtmikroskop optisch analysiert und in einem späteren, grafischen Messverfahren die Spritzloch-Innengeometrie mit oberem und unterem Spritzloch-Verrundungsradius sowie der Durchmesser-Verlauf über das Spritzloch bestimmt.

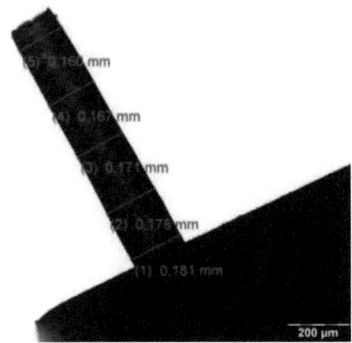

Abbildung 15: Durchmesserbestimmung an einem Negativabdruck eines Spritzlochs (beispielhaft)

2.4.5 THEORETISCHE ÜBERLEGUNGEN ZUM EINSPRITZVORGANG

Der Einspritzdruck beeinflusst die erreichbare Zerstäubungsgüte des Kraftstoffs im Rahmen des Einspritzvorgangs maßgeblich. Mit höheren Einspritzdrücken kann der Kraftstoff in den Spritzlöchern der Einspritzdüse auf höhere Geschwindigkeiten beschleunigt werden, wobei das Geschwindigkeits- sowie Schergefälle in der Spritzloch-Strömung ansteigt. Dabei kommt es im Allgemeinen zu einer verbesserten Zerstäubung und Aufbereitung des Kraftstoffs. Die dabei entstehenden, kleinen Kraftstofftröpfchen bieten eine große Angriffsfläche für den Sauerstoff, wobei die folgende Verdampfung und Verbrennung schneller und „härter" ablaufen.

Die maximale Geschwindigkeit der einzelnen Kraftstoff-Tröpfchen beim Austritt aus dem Spritzloch in den Brennraum ist begrenzt auf ein vom Einspritzdruck abhängiges Maximum, dass sich für reibungsfreie Strömung ergibt. Nach Bernoulli gilt in einer reibungsfreien Strömung folgende Energieerhaltung entlang eines Stromlinienfadens.

$$\frac{\rho}{2} * v^2 + p = p_t = const. \qquad (2.9)$$

Hierbei entspricht ρ der Kraftstoffdichte, v der Strömungsgeschwindigkeit, p dem statischen Druck und p_t dem Totaldruck. Bei einem Einspritzvorgang würde p dem Zylinderdruck p_{Zyl} und p_t dem Einspritzdruck entsprechen. Aufgelöst nach der Strömungsgeschwindigkeit kann für einen reibungsfreien Fall die maximal erreichbare Strömungsgeschwindigkeit v_{max} am Düsenaustritt abgeschätzt werden.

$$v_{max} = \sqrt{\frac{2}{\rho} * (p_E - p_{Zyl})} \qquad (2.10)$$

In der Realität unterliegt die Kraftstoff-Strömung erheblichen Drosselverlusten im Injektor, dem Nadelsitz und der Einspritzdüse, wobei am Austritt der Spritzlöcher deutlich niedrigere Geschwindigkeiten als v_{max} erreicht werden. Hierauf wird in nachfolgenden Kapiteln noch detaillierter eingegangen.

3 Versuchsaufbau

Zu Beginn der in dieser Arbeit vorgestellten Forschungsaktivitäten wurde am LVK ein Forschungsmotor mit einer Reihe von Sonderausstattungen für Forschungszwecke entwickelt und aufgebaut. Eine Brennraum-Entnahmesonde und ein optischer Zugang zum Brennraum runden dessen Ausstattung ab.

3.1 Entwicklung und Auslegung eines Einzylinder-Forschungsmotors

Gegenüber sogenannten Vollmotoren, die in Nutzfahrzeugen serienmäßig zum Einsatz kommen, bieten Einzylinder-Motoren erhebliche Vorteile im Forschungseinsatz. Sie sind nicht nur für Messtechnik besser zugänglich, sondern erlauben auch Untersuchungen frei von Interaktionen mit Nachbarzylindern. Das durch lediglich einen Zylinder bestimmte Hubvolumen und der einhergehende niedrigere Luftbedarf vereinfachen darüber hinaus eine Fremdaufladung des Motors mittels eines Kompressors. Wird zusätzlich eine variable Abgasdrossel vorgesehen, kann am Forschungsmotor eine thermodynamische Kopplung von Ein- und Auslassdruck wie bei Motoren mit einem Turbolader simuliert werden. Dem Bediener des Prüfstands bietet sich dabei ein zusätzlicher Freiheitsgrad in der in weiten Grenzen freien Wahl des Ladedrucks. Diese Randbedingungen sind für die Entwicklung und Untersuchung neuer Brennverfahren als optimal anzusehen.

3.1.1 Randbedingungen und Zielsetzung

Zu Beginn der Arbeiten sollte ein Einzylinder-Forschungsmotor entwickelt werden, der auf einem MAN D2066 Nutzfahrzeugmotor basiert. Im Folgenden wird aufgrund dessen interner Bezeichnung ebenfalls von „LVK-Forschungsmotor" gesprochen. Eine Vergleichbarkeit zwischen Gaswechselkanal-Geometrien und Brennraum wurde angestrebt, um auch am Forschungsmotor mit seriennahen Geometrien zu untersuchen und entsprechende Ergebnisse später besser auf Serienmotoren übertragen zu können.

Gegenüber dem für 220 bar Brennraum-Spitzdruck ausgelegten Serienmotor sollte der Forschungsmotor für 300 bar Spitzendruck konzipiert werden, um Untersuchungen bei hohen Aufladegraden und Spitzendrücken durchführen zu können.

Ziel war darüber hinaus, ein seriennahes Common-Rail-Einspritzsystem so umzurüsten und zu verstärken, dass damit, zumindest im Versuchsbetrieb, Einspritzdrücke von bis zu 3500 bar bereitgestellt werden können.

Weitere Anforderungen an den LVK-Forschungsmotor waren neben einem modularen Aufbau die Möglichkeit einer variablen Verdichtungseinstellung und eines Massenausgleichs nach Lancaster, der die freien Massenkräfte des Kurbeltriebs in erster und zweiter Ordnung kompensiert (vgl. Tabelle 3).

Eigenschaft	MAN D2066 LF31	LVK-Forschungsmotor
Zylinderzahl	6 in Reihe	1
Hubraum	10,5 l	1,8 l
Bohrung	120 mm	120 mm
Hub	155 mm	155 mm
Pleuelstichmaß	256 mm	251 mm
Einspritzung	1800 bar Common Rail	3500 bar Common Rail
AGR	ja	ja
Aufladung	Turbolader einstufig	Fremdaufladung (Kompressor+Abgasdrossel)
Brennraum-Spitzendruck	200 bar	300 bar
Verdichtung	19	19 (variabel zwischen 12 und 23)
Massenausgleich	n.e.	I. und II. Ordnung mittels Lancaster-Ausgleich
Abtrieb	Kupplung und Getriebe	Gelenkwelle und E-Maschine
Geometrie von Gaskanälen	Serie	Serie
Anzahl Ventile	4	4

Tabelle 3: Gegenüberstellung: MAN D2066 und LVK-Forschungsmotor

Die vom Forschungsmotor abgegebene Motorleistung wird in Form von Drehzahl und Drehmoment über eine Gummi-Gelenkwelle an eine E-Maschine (vgl. Abbildung 16) abgegeben und über entsprechende Leistungselektronik in das Stromnetz rückgespeist. Die E-Maschine kann neben dem Aufnehmen der Motorleistung den Forschungsmotor ebenfalls im gesamten Drehzahlbereich schleppen.

Darüber hinaus sollte für den Motor eine Brennraum-Entnahmesonde entwickelt werden die mit hoher zeitlicher Auflösung (1 ms) Rußproben aus dem Brennraum entnehmen kann. Für optische Untersuchungen im Brennraum wurde ein hochdruckfester, umfassender optischer Zugang zum Brennraum angestrebt.

Nachdem die nachfolgenden Kapitel die Entwicklung des Forschungsmotors bis hin zu dessen optischem Zugang behandeln, wird in Kapitel „3.2 Entwicklung und Auslegung einer Brennraum-Entnahmesonde" die Brennraumsonde und deren Entwicklung beschrieben.

3.1.2 Motor-Grundkonzept für den Forschungseinsatz

Bereits zu Beginn der Entwicklungsarbeiten des Forschungsmotors stand ein für die Forschung optimiertes Grundkonzept im Vordergrund. Auf die einzelnen Besonderheiten wird im Folgenden eingegangen.

Eine konsequente Untergliederung des Forschungsmotors in einzelne Module ermöglicht nicht nur schnelle Wartungsarbeiten sondern auch flexibles Tauschen und Anpassen einzelner Baugruppen (vgl. Abbildung 16). Die einzelnen Module sind möglichst autark ohne Flüssigkeitsdurchtritte zwischen den Bauteilen ausgeführt. So sind Zylinderkopf, Zylindermantel und Kurbelgehäuse mit jeweils eigenen Zu- und Abführungen für Kühl- und Schmiermittel versehen. Zwischen den Bauteilen bestehen keine Durchtritte für diese Fluide. Dies ermöglicht das Demontieren von Zylinderkopf oder Zylindermantel ohne Kühlwasser und Motoröl abzulassen.

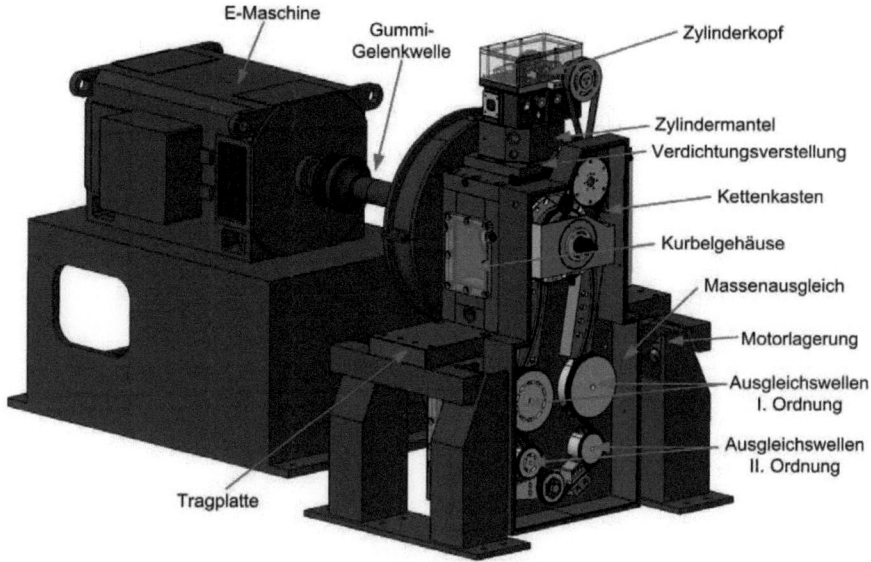

Abbildung 16: LVK-Forschungsmotor in modularer Bauweise

Im späteren Betrieb stellte sich heraus, dass das Fehlen von Fluiddurchtritten zwischen Zylinderkopf und -mantel einen zusätzlichen Sicherheitsfaktor bedeutet. Wird die Zylinderkopfdichtung durch zu hohen Brennraumdruck überlastet, besteht keine Gefahr, dass Gas in das Kühlsystem eintritt und dessen Leistungsfähigkeit mindert. Ferner ist die Gefahr eines „Wasserschlags" als äußerst gering anzusehen.

Der Grundmotor besteht aus den Modulen Kurbelgehäuse, Zylindermantel und Zylinderkopf. Es wird über eine sogenannte „Tragplatte" mit der Motorlagerung verbunden. Das Modul Massenausgleich kann bei montiertem Motor von unten an der Tragplatte angeflanscht werden. Schraubenpositionen für den Flansch zum Massenausgleich liegen so, dass diese stets zugänglich sind. Ein von vorne aufgesetzter Kettenkasten trägt einen Kettenantrieb für den Massenausgleich und einen kombinierten Ketten-Riemen-Trieb für den Antrieb der Nockenwelle.

Der Kettenkasten ist so ausgestaltet, dass dieser nach dem Abnehmen der beiden Ketten und dem Lösen der Verschraubung zum Kurbelgehäuse schnell abgenommen werden kann. Auf Kurbelwelle und Massenausgleichs-Wellen montierte und ausgerichtete Räder können dabei montiert bleiben.

Verschlossen wird der Kettenkasten mittels eines großen Deckels aus durchsichtigem Makrolon, der auch im Betrieb den Blick auf den sensiblen Kettentrieb zulässt. So kann beispielsweise Nachspann-Bedarf der Ketten schnell erkannt werden. Der große Kettenkastendeckel verfügt über zwei kleinere Deckeldurchtritte, die schnell geöffnet werden können und das Nachspannen der Ketten ohne Demontage des großen Deckels zulassen.

Ein in weiten Grenzen einstellbarer Riementrieb erlaubt beim Wechsel der Verdichtung eine unkomplizierte Überbrückung des sich ändernden Abstands zur Nockenwelle im Zylinderkopf.

Abbildung 17 zeigt den ausgeführten Forschungsmotor.

Abbildung 17: LVK-Forschungmotor

3.1.3 BAUTEILAUSLEGUNG FÜR 300 BAR BRENNRAUMSPITZENDRUCK

Das Ziel, den Forschungsmotor für bis zu 300 bar Brennraumdruck auszulegen erforderte einige Veränderungen gegenüber dem zu Grunde gelegten Vollmotor.

Die Verbindungen zwischen Kurbelgehäuse, Kurbelgehäusedeckel und Zylindermantel sind bewusst als Flanschverschraubungen ausgeführt, wobei primär aus Zünddruck resultierende Kräfte nicht über Schweiß- sondern Schraubverbindungen übertragen werden. Lediglich Seitenwände und Grundplatte des Kurbelgehäuses sind verschweißt. Gegenüber einer Verschraubung müssten bei der rechnerischen Festigkeitsauslegung einer Schweißkonstruktion die Sicherheiten gegen Dauerbruch deutlich größer gewählt werden. Gegenüber einer reinen Schweißkonstruktion finden sich bei einer Verschraubung zusätzlich zahlreiche Synergieeffekte in Bezug auf den modularen Grundaufbau.

Ein MAN D20 Kolben mit 120 mm Durchmesser wird mit einem MAN D26 (Bohrung 126 mm) Pleuel kombiniert. Das massive D26 Pleuel weist neben einem Querschnitt mit höherem Flächenträgheitsmoment um die Pleuelquerachse ein um 5 mm reduziertes Stichmaß gegenüber einem D20 Pleuel auf. Beide Veränderungen führen zu einer erhöhten Knicksicherheit des Pleuels. Diese von Experten der MAN Nutzfahrzeuge AG Nürnberg empfohlene D20-Kolben-D26-Pleuel-Kombination erwies sich im Versuchsbetrieb auch bis hin zu Spitzendrücken von über 300 bar als sehr gut geeignet.

3.1.3.1 Auslegung Kurbelwelle

Die geforderte Betriebsfestigkeit des Forschungsmotors bis hin zu 300 bar Brennraumdruck stellt erhebliche Anforderungen an die Auslegung der Kurbelwelle dar.

Belastungsfälle

Eine einfach gekröpfte Einzylinder-Kurbelwelle wird durch die Pleuelkraft maßgeblich auf Biegung beansprucht. Die höchste Biegespannung infolge Biegemoment tritt in diesem Fall bei maximalem Brennraumdruck in einer Stellung im Bereich des oberen Totpunkts auf (vgl. Abbildung 18).

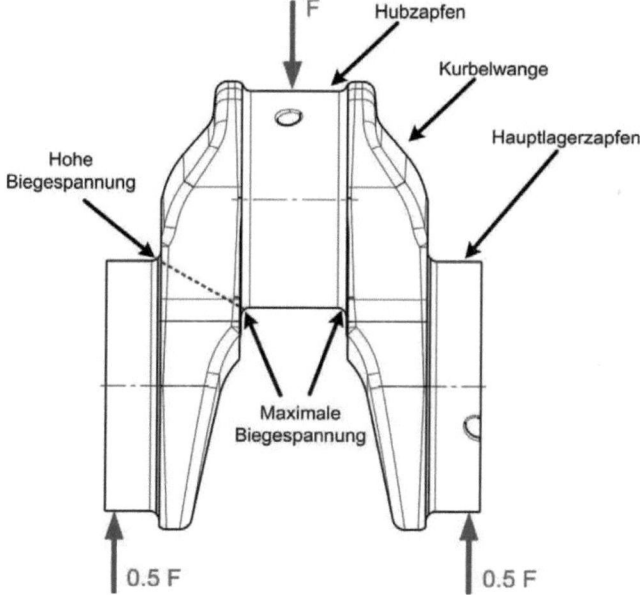

Abbildung 18: Biegebelastung einer Kurbelwelle in OT-Stellung

Im Arbeitstakt wirken die Massenkräfte des Kurbeltriebs gegenüber den Druckkräften entlastend. Bei hochdrehenden Ottomotoren können die Massenkräfte so groß werden, dass diese die Zündkräfte vollständig kompensieren oder sogar übersteigen. In diesem Fall liegen die maximalen Biegebelastungen in den unteren Totpunkten sowie im oberen Totpunkt des Ladungswechsel-OT. Die Massenkräfte skalieren mit der zweiten Potenz der Drehzahl und werden daher für den vorliegenden, eher langsam drehenden Nutzfahrzeugmotor, nicht als entlastend einkalkuliert.

Torsionsbelastungen der Kurbelwelle steigen aufgrund des geringen effektiven Hebelarms der Pleuelkraft erst erheblich nach OT auf ihr Maximum an. Zu diesem Zeitpunkt ist durch die Expansion der Zylinderdruck bereits so weit abgesunken, dass i.A. Spannungen aus Torsionsbelastung deutlich niedriger als Spannungen aus Biegung ausfallen. Dieser Fall gilt für die vorliegende Kurbelwelle.

Auslegung für OT-Biegebelastung

Im Folgenden wird die Auslegung der Kurbelwelle hinsichtlich einer optimalen Form zur Erreichung minimaler Biegespannungen infolge Belastungen aus Zünddruck im OT beschrieben.

Die höchsten Biegespannungen treten für den skizzierten Belastungsfall i.A. im Übergangsradius vom Hubzapfen in die Pleuelwangen auf.

Eine erste Möglichkeit, auftretende Spannungen zu reduzieren liegt in der Vergrößerung des Widerstandsmoments der Kurbelwelle gegen Biegung. Dieses sollte dafür im Bereich des kritischen Querschnitts, in dem die Übergangsradien liegen, erhöht werden.

Das Vergrößern des Hubzapfendurchmessers schließt sich aus, da ein MAN D26 Pleuel mit festem, unteren Lagerdurchmesser zur Anwendung vorgesehen ist. Dies begrenzt den Durchmesser des Hubzapfens auf 90 mm.

Dickere Kurbelwangen würden zwar das Widerstandsmoment gegen Biegung erhöhen, jedoch parallel den Biegehebelarm zusammen mit dem nominellen Biegemoment steigern. Der Zielkonflikt bei der Wahl der optimalen Wangendicke erforderte zahlreiche Optimierungen, die maßgeblich auf Ergebnissen aus Finiten-Element-Simulationen (FEM) basierend zu einer optimalen Wangendicke geführt haben.

Gegenüber der Auslegung einer nicht gekröpften, langen Welle unter Biegemoment sind bei einer Kurbelwelle darüber hinaus erhebliche Spannungskonzentrationen aufgrund der schroffen Umlenkung von Biegemoment und Kräften zu berücksichtigen. Abbildung 19 verdeutlicht die schroffe Kraftumlenkung vom Hubzapfen in den Hauptlagerzapfen einer Kurbelwelle.

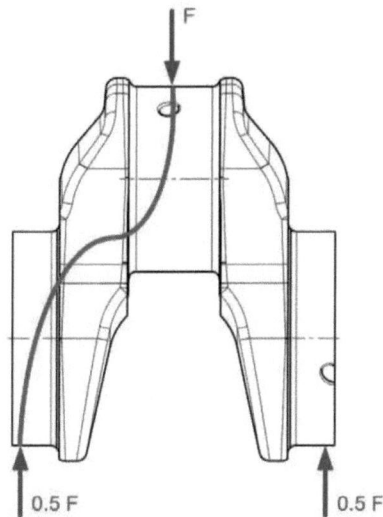

Abbildung 19: Kraftumlenkung bzw. neutrale Faser in einer Kurbelwelle (schematisch)

Insbesondere in den Bereichen der stärksten Kraftumlenkung (höchste Krümmung im Kraftfluss) ist mit sehr großen Spannungsüberhöhungen, die über die sogenannte Formzahl α quantifiziert werden, zu rechnen. Formzahlen werden allgemein als das Verhältnis aus auftretender Spannung zu nomineller Spannung beschrieben.

$$\alpha = \frac{\sigma_{max}}{\sigma_{nenn}} \qquad (3.1)$$

Für Kurbelwellen sind Formzahlen im Bereich von zwei bis fünf durchaus üblich. Diese nicht zu vernachlässigenden Werte verdeutlichen, wie wichtig ein möglichst weicher, harmonischer Formübergang vom Hubzapfen in die Kurbelwangen ist. Hierbei spielt der Übergangsradius zwischen Hubzapfen und Anlagespiegeln an den Kurbelwangen eine große Rolle.

In vorliegendem Fall wird das Pleuel unten über Anlagespiegel (vgl. Abbildung 20) an den Kurbelwangen axial geführt. Damit legt das MAN D26 Pleuel den Spiegelabstand auf 44 mm fest. Der tangential in die Spiegelflächen einlaufende Übergangsradius in den Hubzapfen bestimmt über seine Größe wiederum die vom unteren Pleuellager nutzbare Lagerbreite.

Unter Berücksichtigung genannter Randbedingungen wurde der Übergangsradius zwischen Hubzapfen und Kurbelwange von beim D20 Motor serienmäßig 3,5 mm auf 4,5 mm gesteigert. Da der Abstand der axialen Anlaufflächen des unteren Pleuelauges an den Kurbelwangen für die Verwendung eines Serienpleuels nicht verändert werden konnte, sinkt dabei die für das untere Pleuel-Gleitlager nutzbare Lagerbreite auf dem Hubzapfen. Die reduzierte Pleuel-Lagerbreite wird seitens MAN als tolerabel eingestuft.

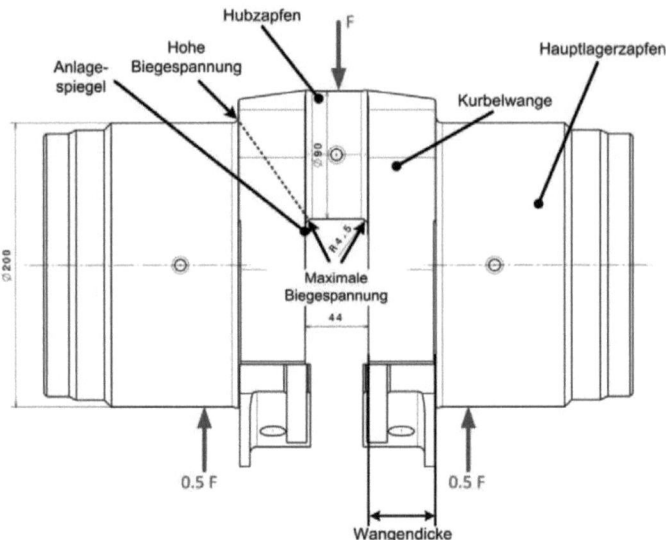

Abbildung 20: Kurbelwelle des Forschungsmotors mit großen Hauptlagerzapfen für hohe Überdeckung zum Hubzapfen

Neben einer Maximierung des Hubzapfen-Übergangsradius und einer Optimierung der Wangendicke kann durch die Wahl des Durchmessers des Hauptlagerzapfens die beschriebene Kraftumlenkung verbessert werden. Hierbei steigt zusammen mit dem Durchmesser des Hauptlagerzapfens die Überdeckung zwischen Hubzapfen und Hauptlagerzapfen (vgl. Abbildung 21). Dabei sinkt die Formzahl α gegenüber den beschriebenen Maßnahmen drastisch, was zu einer Senkung der maximalen Spannungen führt.

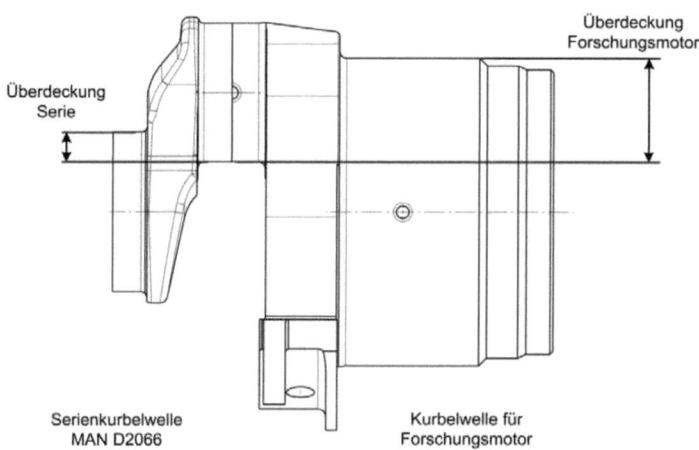

Abbildung 21: Gegenüberstellung der Überdeckungen einer MAN D20 Serienkurbelwelle und der Kurbelwelle des Forschungsmotors

Umfangreiche FEM-Simulationen mit CATIA V5 R14 und Ansys führten zu der in Abbildung 21 dargestellten Kurbelwellengeometrie mit ungewöhnlich großem Hauptlagerdurchmesser. Eine Erhöhung des Durchmessers des Hauptlagerzapfens von serienmäßig 104 mm auf 200 mm am Forschungsmotor ermöglicht, dass die laut FEM-Simulation bei einer Belastung der Forschungsmotor-Kurbelwelle mit 300 bar Zünddruck auftretende Spannungen maximal (vgl. Abbildung 22) so hoch liegen wie auftretende Spannungen bei der Belastung der Serienkurbelwelle mit 220 bar Zünddruck.

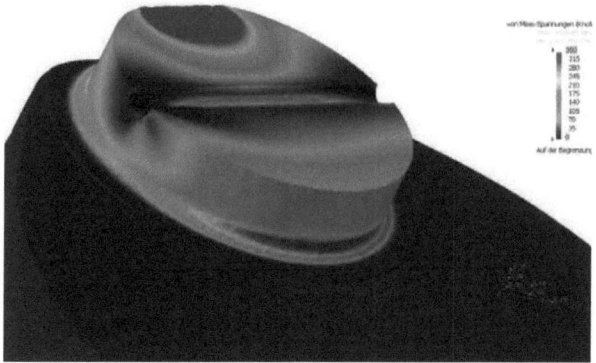

Abbildung 22: FEM-Simulation der Forschungsmotorkurbelwelle im OT bei 300 bar Zünddruck (Symmetrieschnitt)

Ölbohrungen verlaufen nahe der neutralen Faser der Kurbelwelle.

Schmieden und Einsatzhärten wie bei der Serien-Kurbelwelle kommt aufgrund von Aufwand, Zeit und Kosten nicht in Frage. Dafür wurde die Kurbelwelle für den Forschungsmotor aus 42CrMo4 mit Legierungszugaben von Nickel und Vanadium auf 1000 bis 1200 N/mm² vergütet „aus dem Vollen" gefräst und anschließend nitriert auf eine Einhärtetiefe von 0,2 bis 0,3 mm. Mittels Schleifen und Polieren erfolgte der Abtrag der nach dem Nitrieren verbleibenden, porösen „White Layer Schicht". Hubzapfen, Hauptlagerzapfen und Übergangsradien sind poliert. Der Hubzapfen weist eine Mitten-Balligkeit von 2 bis 4 μm auf.

3.1.3.2 Auslegung Kurbelwellen-Lagerung

Die Kurbelwelle wird über ihre beiden Hauptlagerzapfen radial gelagert. Über zwei Axial-Lagerscheiben, an denen die hauptlagerseitig angespiegelten Kurbelwangen anlaufen, wird die Kurbelwelle axial schwimmend gelagert (vgl. Abbildung 23).

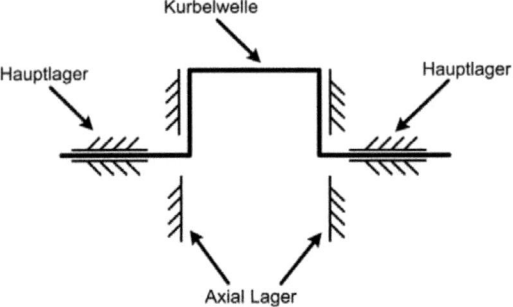

Abbildung 23: Kurbelwellenlagerung schematisch

Die konstruktive Ausführung der Lagerung zeigt Abbildung 24.

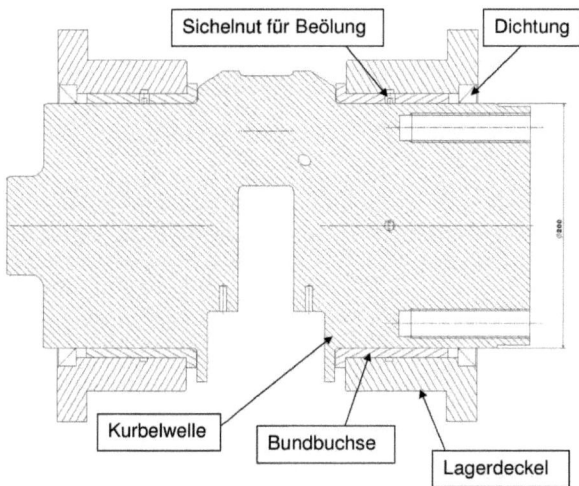

Abbildung 24: Konstruktive Auslegung der Kurbelwellenlagerung des Forschungsmotors

Eine Ausführung von axialen und radialen Lagern als Gleitlager hat sich aufgrund folgender Vorteile in der Konzeptphase als am besten geeignet herausgestellt.

- Deutlich geringere Lagerdicke als bei Wälzlagern (Bauraum)
- Geringere Verschmutzungsanfälligkeit als bei Wälzlagern
- Gute Eignung für Stoßbelastungen (sowie hohe Druckanstiegsgeschwindigkeiten im Brennraum)
- Höhere Eigendämpfung als bei Wälzlagern
- Höhere Steifigkeit als bei Wälzlagern
- Große Verbreitung bei Verbrennungsmotoren
- Einfache Montage und Demontage

Die Gleitlagerung der Kurbelwelle des Forschungsmotors wurde ausgehend von einer bewährten Serien-Lagerung anhand von Kennzahlen und unter Berücksichtigung des erhöhten Spitzendrucks ausgelegt. Die in Tabelle 4 zusammengestellten Randbedingungen sind die Basis der folgenden Auslegung.

Maximaler Brennraumdruck	300 bar
Nenndrehzahl für Auslegung	1500 U/min
Hauptlagerdurchmesser	200 mm
Breiten-Druchmesser-Verhältnis	0,40

Tabelle 4: Kurbelwellenlagerung

Sommerfeldzahl

Die Sommerfeldzahl kann als Maßzahl für die Tragfähigkeit eines hydrodynamischen Schmierfilms zwischen Welle und Lager angesehen werden. Je kleiner die Sommerfeldzahl So ist, desto höher ist die Tragfähigkeit der Lagerung.

Breitenverhältnis b/d

Unter dem Breiten-Durchmesser-Verhältnis eines Gleitlagers wird der Quotient aus Breite und Durchmesser des Lagers verstanden. Ein hohes Breitenverhältnis wirkt sich auf Flächenpressung und Sommerfeldzahl günstig aus, da die projizierte Fläche bei konstantem Durchmesser mit dem Breitenverhältnis linear ansteigt.

Dagegen steigt mit dem Breitenverhältnis die Gefahr von Kantentragen des jeweiligen Lagers. Ein geringes Breitenverhältnis beugt zwar Kantentragen vor, jedoch erhöht sich der seitliche Ölabfluss im Lager mit der Folge negativer Auswirkungen auf Hydrodynamik und Schmierfilmaufbau.

Mettig [MET1973] empfiehlt ein Breitenverhältnis im Bereich 0,28 < b/d < 0,4. Da im Gegensatz zu mehrzylindrigen Serienmotoren der Bauraum bei einem Einzylindermotor kaum eingeschränkt ist, wird ein Breitenverhältnis von 0,40 für den Forschungsmotor gewählt.

Mittlere Flächenpressung

Es muss sichergestellt werden, dass die mittlere Lager-Flächenpressung unter den Grenzwerten für die jeweiligen Lager liegt. Im Serienmotor kommen 3-Stoff-Sputter-Lager zur Anwendung. Diese Lager bestehen aus einem Stahl-Stützkörper, einer aufgebrachten Bleibronze-Schicht, die wiederum mit einer Ternärschicht beschichtet ist. Die Ternärschicht ist für den Anlauf aus dem Stillstand wichtig. In dieser Phase kommt es, bis der Lagerzapfen vollständig auf dem Schmierfilm aufschwimmt, zu Festkörper- und Mischreibung.

Die in einem modernen Sputter-Verfahren im Hochvakuum aufgebrachte Ternärschicht erlaubt eine maximale Flächenpressung von 100 N/mm².

Für die Fertigung der Prototypen-Lager für den Forschungsmotor war das beschriebene Sputter-verfahren nicht möglich. Die konventionell aufgebrachte Ternärschicht der Lager erlaubt nach Aussage des fertigenden Unternehmens Zollern BHW maximale Flächenpressungen bis zu 50 N/mm². Nachfolgend werden die Flächenpressungen bei der Serienlagerung und der Lagerung des Forschungsmotors einander gegenübergestellt.

Flächenpressung Forschungsmotor

Die maximale Radialkraft P_Z pro Lager ergibt sich für den Einzylindermotor bei max. Zylinderdruck von 300 bar:

$$P_Z = \frac{1}{2} \cdot A_{Kolben} \cdot p_{max} = \frac{1}{2} \cdot 11310 \, mm^2 \cdot 30 \, \frac{N}{mm^2} = 170 \, kN \qquad (3.2)$$

$$p_m = \frac{P_z}{b \cdot d} = \frac{170 \, kN}{80 \, mm \cdot 200 \, mm} = 11 \frac{N}{mm^2} \qquad (3.3)$$

Die bei maximalem Zylinderdruck auftretende mittlere Flächenpressung beträgt beim Forschungsmotor lediglich 22 % der für die verwendeten Gleitlager zulässigen Flächenpressung. Im Vergleich zu Serienmotoren ergeben sich größere Sicherheitsreserven. In Versuchen bestätigte sich eine ausreichende Tragfähigkeit der Kurbelwellen-Gleitlagerung des Forschungsmotors.

Relatives Lagerspiel

Die Tragfähigkeit einer Gleitlagerung steigt mit sinkendem relativen Lagerspiel ψ.

$$\psi = \frac{D - d}{D} \qquad (3.4)$$

Eine Untergrenze für das relative Lagerspiel ergibt sich aufgrund zu hoher Wärmeerzeugung durch Reibleistung, Schwinggefahr und der Gefahr eines Verklemmens der Welle bei Schiefstellung. Niemann, Winter und Höhn empfehlen für hydrodynamische Gleitlagerungen ein relatives Lagerspiel im Bereich von $\psi = 1$ ‰ [NWH2005].

Wahl des relativen Lagerspiels für den Forschungsmotor

Für den Forschungsmotor wurde mit einer FEM-Simulation der Kurbelwelle deren Durchbiegung simuliert, um die Gefahr von Kantentragen und Verklemmen der schiefgestellten Welle im Lager zu beurteilen und ggf. das Lagerspiel anzupassen.

Laut FEM-Simulation biegt sich die Kurbelwelle unter 300 bar Zünddruck so durch, dass auf jeder Seite ein Verkippwinkel des jeweiligen Hauptlagerzapfens von 5` zu erwarten ist. Abbildung 25 verdeutlicht den dabei entstehenden Unterschied in der Schmierfilmdicke über die Lagerbreite unter Annahme einer ideal steifen Lagerung.

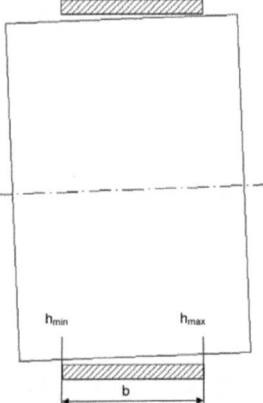

Abbildung 25: Schmierfilmdicken-Unterschied bei Wellenverkippung

Für die vorliegende Lagerung ergibt sich über die Lagerbreite ein Schmierfilmdicken-Unterschied von 0,12 mm.

$$\Delta h = b \cdot \tan \alpha = 80\ mm \cdot \tan 5` = 0{,}12\ mm \tag{3.5}$$

Wird der axiale Schmierfilmdicken-Unterschied auf den Bohrungsdurchmesser der Lagerung bezogen, kann der nun relative Unterschied der Schmierfilmdicke mit dem vorhandenen relativen Lagerspiel in Bezug gesetzt werden, um die Gefahr von Verklemmen zu beurteilen.

$$\Delta h_{rel} = \frac{\Delta h}{d} = \frac{0{,}12\ mm}{200} = 0{,}60\ \text{‰} \tag{3.6}$$

Für den ermittelten Unterschied der relativen Schmierfilmdicke von $\Delta h_{rel} = 0{,}60$ ‰ erscheint ein relatives Lagerspiel $\psi = 1$ ‰ zu gering. Für den Einzylindermotor wird aufgrund der erheblichen Wellendurchbiegung bei 300 bar Zünddruck ein relatives Lagerspiel $\psi = 1{,}5$ ‰ gewählt.

Dynamische Viskosität des Lager-Schmierstoffs

Ein Motorenöl der Viskositätsklasse SAE15W40 weist bei einer Temperatur von 100 °C eine kinematische Viskosität von ca. 7 mm²/s auf. Bei einer Dichte des Öls von $\rho = 875\ kg/m^3$ ergibt sich eine dynamische Viskosität von:

$$\eta = \nu \cdot \rho = 7\frac{mm^2}{s} \cdot 875\frac{kg}{m^3} = 6{,}125 \cdot 10^{-3} Pas \tag{3.7}$$

Sommerfeldzahl

Unter Verwendung obiger Größen ergibt sich eine Sommerfeldzahl der Einzylinder-Lagerung von:

$$So = \frac{P_L \cdot \psi^2}{\eta \cdot \omega} = \frac{11 \cdot 10^6 \frac{N}{m^2} \cdot 0{,}0015^2}{6{,}13 \cdot 10^{-3} \, Pas \cdot 157 \, s^{-1}} = 25.7 \qquad (3.8)$$

Im Vergleich der Sommerfeldzahlen von Serien- und Forschungsmotor ist von einer höher tragfähigen Lagerung des Forschungsmotors gegenüber Serienanwendungen auszugehen. Diese „Überdimensionierung" ist als sehr positiv anzusehen, da so leichter eventuelle Fertigungsabweichungen der Prototypenlagerung sowie ein rauer Betrieb des Forschungsmotors ertragen werden können.

Lagerspiel der Kurbelwellen-Axiallagerung

Die schwimmende Lagerung der Kurbelwelle ist so auszuführen, dass in keinem Betriebszustand ein Verklemmen der Kurbelwelle erfolgen kann.

Bei 300 bar Zünddruck biegt sich die Kurbelwelle wie oben beschrieben durch, wobei der Abstand der axialen Anlaufflächen an der Kurbelwelle ansteigt.

Zudem ist ein möglicher Temperaturunterschied zwischen Kurbelwelle und dem die Axiallager tragenden Gehäuse einzukalkulieren.

Für ausreichendes Lagerspiel in allen Betriebszuständen wurde das axiale Lagerspiel der Kurbelwellenlagerung im belastungsfreien Zustand auf 0,5 mm festgelegt. Im Forschungsbetrieb des Einzylinders zeigten sich leichte Anlaufspuren an den Axiallagerscheiben. Diese deuten darauf hin, dass das axiale Lagerspiel zukünftig etwas größer als 0,5 mm gewählt werden sollte.

3.1.4 MAßNAHMEN FÜR EINEN RUHIGEN MOTORLAUF TROTZ HOHER MOTORBELASTUNGEN

Ein ruhiger Lauf ist an einem Forschungsmotor für Messtechnik (insbesondere optische Messtechnik) und Bauteilbelastungen sehr wichtig. Im Folgenden wird die Auslegung von Schwungmasse, Massenausgleich und Motorlagerung für einen ruhigen Motorlauf behandelt.

3.1.4.1 Auslegung Schwungmasse

Bei einem Viertakt-Motor treibt die in Wärme und Druck gewandelte Energie aus der Kraftstoffverbrennung lediglich während eines Takts, dem Arbeitstakt, über Kolben und Pleuel die Kurbelwelle an. Die drei verbleibenden Takte sind dem Gaswechsel und der Verdichtung vorbehalten. Die dabei im Arbeitstakt erbrachte mechanische Energie wird benötigt zur Überwindung von Reibung, zum Antrieb eines Verbrauchers oder einer Maschine und zum Überwinden der drei Nicht-Arbeitstakte. Eine Schwungmasse dient hierbei der Speicherung von Energie in Form von Rotationsenergie. So wird die Drehmomentabgabe des Motors harmonisiert und dessen Drehungleichförmigkeit reduziert.

Mit dem Ziel, einen Forschungsmotor für hohe Zünddrücke und ebenfalls hohe Mitteldrücke bei gleichzeitig geringer Drehungleichförmigkeit, auch bis in den Niederdrehzahlbereich, zu konzipieren, wurde eine Schwungmasse mit einem Massenträgheitsmoment von $J = 15\ kgm^2$ gewählt. Diese ist in etwa doppelt so groß wie bei konventionellen Motoren dieser Hubraumklasse.

Eine geringe Drehungleichförmigkeit ist nicht nur für einen ruhigen Motorlauf sondern auch für die spätere Arbeitsprozessrechnung wichtig. Die °KW-basiert aufgezeichneten Indizierdaten sind die Basis für eine Arbeitsprozessrechnung, die wiederum jedem °KW-Inkrement drehzahlabhängig eine verstrichene Zeit konstant zuordnet. Dabei wird standardmäßig dem Effekt, dass der Motor sich gegen Ende des Arbeitstakts mit einer höheren Winkelfrequenz als zu Beginn des Arbeitstakts dreht, keine Rechnung getragen.

Für eine Abschätzung der Drehungleichförmigkeit erfolgt nachfolgend eine Herleitung der relevanten Formelzusammenhänge.

Zur Berechnung der Drehungleichförmigkeit werden die geleistete mechanische Antriebsenergie je Arbeitstakt mit einer Zunahme an Rotationsenergie von ω_{min} auf ω_{max} während des Arbeitstakts gleichgesetzt.

$$W_{mech} = V_H \cdot p_{me} \tag{3.9}$$

$$W_{rot} = \frac{1}{2} \cdot J_{ges} \cdot (\omega_{max}^2 - \omega_{min}^2) \tag{3.10}$$

Die Extremwerte der Kurbelwellen-Winkelfrequenz lassen sich über die absolute Drehungleichförmigkeit $\Delta\omega$ ausdrücken.

$$\omega_{max} = \omega_{mittel} + \frac{\Delta\omega}{2}, \quad \omega_{min} = \omega_{mittel} - \frac{\Delta\omega}{2} \tag{3.11}$$

Es folgt der Term für die absolute Drehungleichförmigkeit.

$$\Delta\omega = \frac{V_H \cdot p_{me}}{J_{ges} \cdot \omega_{mittel}} \tag{3.12}$$

Häufiger verbreitet findet sich eine relative Drehungleichförmigkeit.

$$\Delta\omega_{rel.} = \frac{\Delta\omega}{\omega_{mittel}} \tag{3.13}$$

Nachfolgend wird die Drehungleichförmigkeit für einen Volllastpunkt (p_{me} = 30 bar) bei einer Drehzahl von 1500 U/min berechnet.

Eine Drehzahl von 1500 U/min entspricht einer mittleren Winkelfrequenz von $\omega_{mittel} = 9425\ rad/min$.

$$\omega_{mittel} = 2 \cdot \pi \cdot n = 2 \cdot \pi \cdot 1500\ \frac{U}{min} = 9425\ \frac{rad}{min} \tag{3.14}$$

Es ergibt sich last- und drehzahlabhängig unter Annahme eines gesamten Rotationsträgheitsmoments von $J = 15\ kgm^2$ eine absolute Drehungleichförmigkeit von.

$$\Delta\omega = \frac{V_H \cdot p_{me}}{J_{ges} \cdot \omega_{mittel}} = \frac{1{,}75\ l \cdot 30\ bar}{15\ kgm^2 \cdot 9425\ \frac{rad}{min}} = 2{,}23\ \frac{rad}{s} \qquad (3.15)$$

$$\Delta\omega_{rel.} = \frac{\Delta\omega}{\omega_{mittel}} = 2{,}36 \cdot 10^{-4} = 1{,}4\ \% \qquad (3.16)$$

Diese Drehungleichförmigkeit ist für Einzylinder-Forschungsmotoren als äußerst niedrig einzustufen. Der niedrige Wert spiegelte sich auch in einem ruhigen Motorlauf wieder. Die bei diesem Motor anzutreffende Relation aus rotatorischem Trägheitsmoment der Schwungmasse ($J = 15\ kgm^2$) und Hubraum ($V_H = 1{,}75\ l$) kann auch für Brennraumdrücke von 300 bar und niedrige Drehzahlen als sehr gut geeignete Kombination bezeichnet werden.

Die maßgeblich linearen Zusammenhänge erlauben einen Vergleich zwischen verschiedenen Motoren über den Quotient aus Rotationsträgheit und Hubvolumen.

$$\frac{J}{V_H} = \frac{15\ kgm^2}{1{,}75\ l} = 8{,}6\ \frac{kgm^2}{l} \qquad (3.17)$$

Für eine Schwungmassenauslegung bei einem Motor für hohe Brennraumspitzendrücke sollte bei dem Wunsch nach ruhigem Motorlauf eine Schwungmasse in der beschriebenen Relation gewählt werden.

3.1.4.2 Auslegung Massenausgleich nach Lancaster

Bei jeglicher Art von Maschine ist zwischen inneren und äußeren Kräften sowie Momenten zu unterscheiden. Innere Kräfte müssen lediglich durch einen entsprechend stabilen Aufbau der Maschine berücksichtigt werden, sie wirken jedoch nicht nach außen. Dagegen treten äußere Kräfte und Momente über beispielsweise eine Motorlagerung oder einen Ab- oder Antrieb als Kräfte oder Momente in Erscheinung.

Bei einer Einzylindermaschine entstehen rotierende und oszillierende Massenkräfte.

Rotierende Massenkräfte

Die Rotation des Hubzapfens sowie des darauf laufenden unteren Pleuelteils können durch ein entsprechendes Gegengewichtpaar an der Kurbelwelle ausgeglichen werden. Die Gegengewichte sind so zu bemessen, dass der Schwerpunkt der Kurbelwelle mit einem auf dem Hubzapfen zentrisch aufgebrachten Gewicht in Höhe der unteren Pleuelmasse zusammen mit den montierten Gegengewichten auf der Achse der Hauptlagerzapfen liegt. So verändert sich der Schwerpunkt dieser rotatorisch bewegten Baugruppe durch die Drehung der Kurbelwelle nicht und es entstehen idealisiert keine freien rotierenden Massenkräfte.

Oszillierende Massenkräfte

Kolben und obere Pleuelhälfte werden den oszillierenden Massen zugerechnet. Dabei bedingt die Kinematik des Kurbeltriebs, dass Massenkräfte erster und zweiter Ordnung auftreten.

Massenkräfte erster Ordnung aus Kolbenoszillation

Abhängig von der Winkelstellung α der Kurbelwelle können für eine Drehfrequenz ω der Kurbelwelle die Massenkräfte ausgedrückt werden.

$$F_I = m_{os} * r * \omega^2 * \cos\alpha \tag{3.18}$$

Massenkräfte zweiter Ordnung aus Kolbenoszillation

Die Massenkräfte zweiter Ordnung sind abhängig vom Kurbelverhältnis λ, das widerum aus Kurbelradius r und Pleuellänge l ermittelt wird.

$$\lambda = \frac{r}{l} \tag{3.19}$$

$$F_{II} = m_{os} * r * \omega^2 * \lambda * \cos 2\alpha \tag{3.20}$$

Ausgleich oszillierender Massenkräfte

Die beschriebenen oszillierenden Massenkräfte wirken in Richtung der Zylinderachse. Sie treten sowohl mit Frequenz der Kurbelwellendrehung als auch mit der doppelten Drehfrequenz auf. Sie können daher nicht vollständig mit an der Kurbelwelle verbauten Gegengewichten kompensiert werden.

Ein Massenausgleich nach Lancaster [GRO1973] erlaubt eine quasi vollständige Kompensation der freien Massenkräfte erster und zweiter Ordnung. Hierbei rotieren zwei Unwuchtwellenpaare jeweils gegenläufig. Ein Unwuchtwellenpaar rotiert phasenrichtig mit Drehzahl der Kurbelwelle. Es gleicht die freien Massenkräfte erster Ordnung aus. Das zweite Unwuchtwellenpaar rotiert mit doppelter Drehzahl der Kurbelwelle zur Kompensation der freien Massenkräfte zweiter Ordnung [vgl. Abbildung 26].

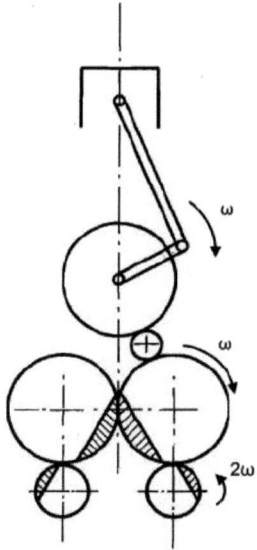

Abbildung 26: Kurbeltrieb mit Lancaster Ausgleich I. und II. Ordnung, schematisch [WA2010]

Auf eine exakte, phasenrichtige Ausrichtung der Wellen ist durch beispielsweise Schablonen und stufenlose Winkeleinstellbarkeit gegenüber dem Antrieb der Wellen zu achten. Die gegenläufige Rotation der Wellen führt zur Kompensation der Fliehkraftanteile orthogonal zur Kolben-Bewegungsachse und zu einer Addition der Fliehkräfte in Kolben-Bewegungsachse.

Die Unwuchten der einzelnen Wellen sind so auszulegen, dass sich gemäß folgender Formelzusammenhänge ein Gleichgewicht aus der Summe der Fliehkräfte eines Unwuchtwellen-Paares und der freien, oszillierenden Massenkräfte der jeweiligen Ordnung ergibt. Der in den folgenden Gleichungen vorangestellte Faktor 2 trägt der Anzahl der Wellen eines Unwuchtwellen-Paares Rechnung.

Gleichgewicht der Kräfte erster Ordnung

$$2 * m_{Unwucht,I} * r_{Unwucht,I} * \omega^2 = m_{os} * r * \omega^2 \qquad (3.21)$$

Gleichgewicht der Kräfte zweiter Ordnung

$$2 * m_{Unwucht,II} * r_{Unwucht,II} * (2\omega)^2 = m_{os} * r * \omega^2 * \lambda \qquad (3.22)$$

Nach Umformen der beiden Gleichungen stehen Formeln zur Dimensionierung der Unwuchten der jeweiligen Ausgleichswellen zur Verfügung.

Dimensionierung einer Unwuchtwelle erster Ordnung

$$m_{Unwucht,I} * r_{Unwucht,I} = \frac{m_{os} * r}{2} \tag{3.23}$$

Dimensionierung einer Unwuchtwelle zweiter Ordnung

$$m_{Unwucht,II} * r_{Unwucht,II} = \frac{m_{os} * r * \lambda}{8} \tag{3.24}$$

Um den entwickelten Forschungsmotor später als optisch zugänglichen Transparentmotor mit üblicherweise schwerem Glaskolben umrüsten zu können, wurden Unwuchtwellen mit einer um den Faktor drei höheren Unwucht vorgesehen, die je nach Masse der oszillierenden Bauteile durch Gegengewichte auf das erforderliche Maß teilkompensiert werden.

Bei der späteren Entwicklung des Transparentmotors stellte sich heraus, dass die Überdimensionierung um den Faktor drei sehr gut mit der Masse der oszillierenden Bauteile des Transparentmotors harmoniert.

3.1.4.3 Auslegung einer momentanpoloptimierten Motorlagerung

Ziel der Auslegung der Motorlagerung des Einzylinders war, eine Lagerung auszulegen, die erforderliche Abstützkräfte und -momente vom Motor in das Bodenfundament des Prüfstandes leitet. Dabei sollten möglichst geringe Motorvibrationen auftreten, um Messtechnik zu schonen und bei einer späteren Umrüstung des Motors zum Transparentmotor verwacklungsarme optische Analysen durchführen zu können.

Hierfür scheidet eine überkritische Motorlagerung, bei der der Motor während des Startvorgangs den Eigenfrequenzbereich einer weichen Gummilagerung durchläuft, aus.

Es wurde eine unterkritische, steife Lagerung ausgelegt, deren Eigenfrequenz im gesamten Drehzahlbereich des Motors die Lagerung lediglich unterkritisch anregt. Hierfür wurden entsprechend steife Gummilager vorgesehen (vgl. Abbildung 27).

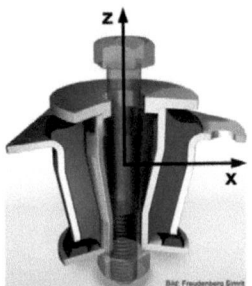

Abbildung 27: Konuslager zur Motorlagerung, Koordinatensystem Konuslager

Die ausgewählten Gummilager (vgl. Abbildung 27) sind in radialer Richtung (x-Richtung) deutlich steifer als in axialer Richtung (z-Richtung). Durch entsprechendes Neigen der Lager kann deren resultierende Steifigkeit bezogen auf das Motorkoordinatensystem so eingestellt werden, dass dadurch der Ort des Momentanpols der Motorschwingung beeinflusst werden kann.

Während sich bei Serienmotoren ein Momentanpol der Motorschwingung in Nähe der Kurbelwellenachse anbietet, ist für optische Untersuchungen an einem Forschungsmotor wichtig, dass der Momentanpol im Bereich des optischen Zugangs liegt und so Bildverwacklungen minimiert werden. Bei der Auslegung der Motorlagerung wurde diese so konzipiert, dass der Momentanpol möglichst im Bereich des Brennraums liegt. Ansätze und Berechnungsgrundlagen hierfür werden in Folgendem vorgestellt.

Um die von der Lagerung abzustützenden, freien Kräfte und Momente zu ermitteln wird der Forschungsmotor kurbelwellenseitig zur Schwungmasse freigeschnitten. Der zweite Freischnitt erfolgt durch die Gummilagerung.

Zwischen Kurbelwelle und Schwungmasse treten periodisch im Arbeitstakt Drehmomente von bis zu T = 10.000 Nm auf. Diese werden über die beiden linken und rechten Motorlager in Form von den Lager-Reaktionskräften $F_{res,A}$ und $F_{res,B}$ abgestützt (vgl. Abbildung 28), wobei ein Teil des Moments zu einer Motorverkippung in der Lagerung führt. Abhängig von Motorverkippung und Lagersteifigkeit resultieren die Lagerkräfte.

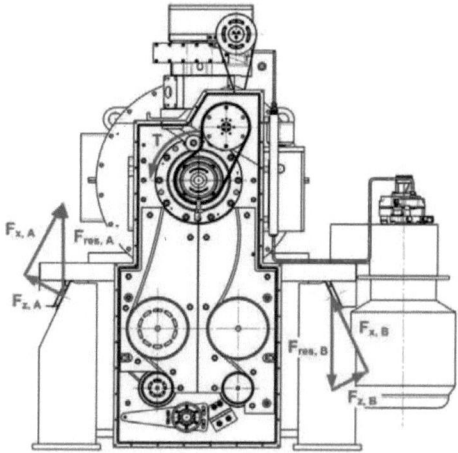

Abbildung 28: Motordrehmoment und Reaktionskräfte einer angestellten Motorlagerung

Die resultierenden Lagerkräfte werden bezogen auf des jeweilige Lager in Kräfte in Axialrichtung F_z und Kräfte in Radialrichtung F_x zerlegt. In jedem Motorlager verursachen die Abstützkräfte in axialer und radialer Richtung Verformungen in der jeweiligen Richtung. Diese Verformungen werden über folgenden Zusammenhang zwischen Steifigkeitsmatrix eines Gummilagers, Verformung und Kraft ermittelt.

$$[K] * [u] = [F] \qquad (3.25)$$

Wird das Gleichungssystem programmiert, kann nach den Verschiebungsvektoren [u] aufgelöst werden. Es wurde dabei die Randbedingung eingeführt, dass die horizontale Verschiebung der Lagergruppe A gleich der horizontalen Verschiebung der Lagergruppe B ist, da linke und rechte Seite der Lagerung sehr steif über eine sogenannte „Tragplatte" zwischen Kurbelgehäuse und Massenausgleichskasten verbunden sind.

Durch vektorielle Addition der axialen und radialen Verschiebungen u_z und u_x in einer Lagergruppe wird die Richtung der resultierenden Lagerverformung u_{res} ermittelt (vgl. Abbildung 29).

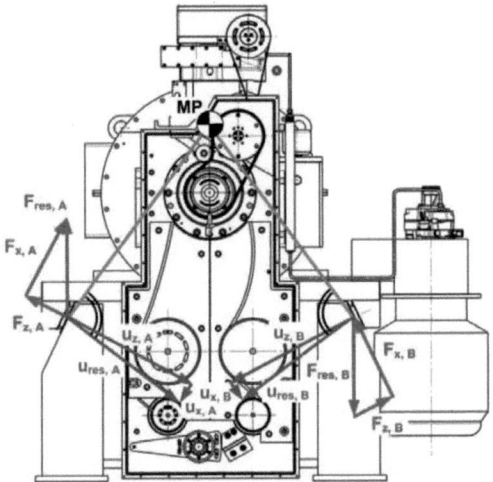

Abbildung 29: Reaktionskräfte, Lagervorformungen und Momentanpol einer Motorlagerung

Orthogonal zu den Verschiebungsvektoren u_{res} liegt der Momentanpol MP der Motorlagerung (vgl. Abbildung 29).

Eine Untersuchung der Lagerung in Matlab verdeutlicht den Zusammenhang aus Lagerverkippung (Winkel zwischen Lagerachse und Vertikale) und der Höhe des Momentanpols der Motorschwingung über der Lagerebene (vgl. Abbildung 30).

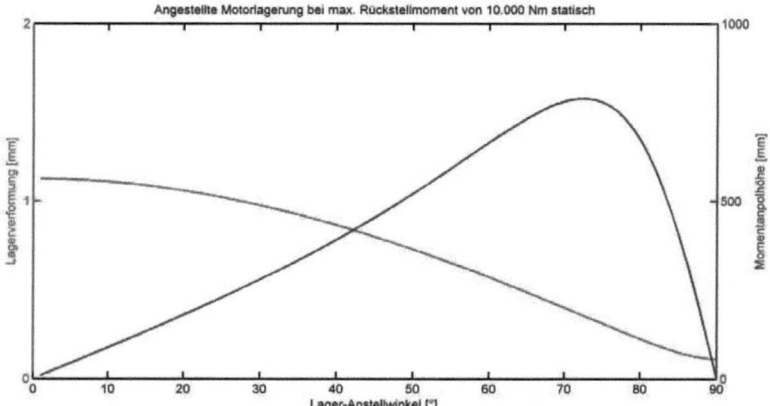

Abbildung 30: Berechnungsergebnisse für Momentanpolhöhe und Verformung in Gummilagern abhängig vom Lager-Anstellwinkel

Für vorliegenden Fall kann der Momentanpol bei einer Lageranstellung von 75° ca. 800 mm über die Lagerebene gelegt werden. Diese Position ist wie Abbildung 29 zeigt bereits sehr nahe am Brennraum.

Nach dem Aufbau des Forschungsmotors wurde bei unter Volllast laufendem Motor zur Überprüfung der Lagerung eine 50 ct-Münze stehend im Bereich des Momentanpols auf den Motor gestellt. Diese blieb ohne jede Fixierung auch während der nachfolgenden Versuche auf dem Motor bewegungslos stehen.

Abbildung 31: Stehende Münze bei Volllast im Bereich des Momentanpols der Motorlagerung

Die Erfahrungen mit dem Forschungsmotor im Versuchsbetrieb bestätigen die Richtigkeit der Auslegung der Gummilagerung. Auch die in Abbildung 30 prognostizierten, geringen Lagerverformungen bestätigten sich im Betrieb. Die gewählte Form der Lagerung ist auch für andere Forschungsmotoren empfehlenswert.

3.1.5 GASSYSTEM MIT AUFLADUNG UND ABGASRÜCKFÜHRUNG

Bei Dieselmotoren stellt die Auflagung einen der wichtigsten Brennverfahrens-Parameter dar. Sie sorgt auch bei hohem Mitteldruck für ausreichend Luftüberschuß, um rußarm zu verbrennen. Zugleich beeinflusst sie maßgeblich den Zünddruck im Zylinder.

Für die Entwicklung und Untersuchung eines Brennverfahrens ist es wichtig, dass am Prüfstand der Ladedruck stufenlos und unabhängig vom Betriebspunkt frei eingestellt bzw. geregelt werden kann. Der Prüfstand des Forschungsmotors verfügt über eine Fremdaufladung mittels eines Schraubenverdichters (vgl. Abbildung 32). Ein Druckregelventil regelt elektronisch den gewünschten Ladedruck von bis zu 8 bar ein.

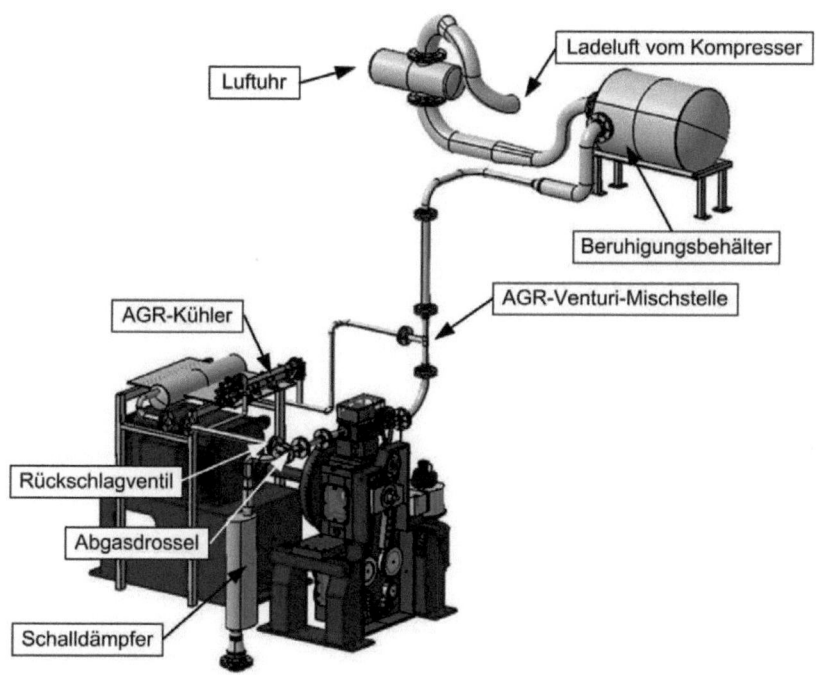

Abbildung 32: Gassystem des LVK-Forschungsmotors

Da die thermodynamische Kopplung zwischen Aus- und Einlass im Falle einer Fremdaufladung nicht mehr über den Turbolader vorhanden ist, verfügt der Prüfstand über eine stufenlos regelbare Abgasdrossel, mit der der Abgasgegendruck in breiten Grenzen frei einstellbar ist. Die Abgasdrossel kann direkt von der Prüfstandsautomatisierung angesteuert werden. Um ein am Einzylinder-Prüfstand entwickeltes Brennverfahren später gut auf einen Serienmotor mit Turboaufladung übertragen zu können, kann die Prüfstandsautomatisierung den Abgasgegendruck abhängig von Ladedruck, Einlasstemperatur, Auslasstemperatur und einem vorgegebenen Turboladerwirkungsgrad gemäß der Turboladerhauptgleichung einregeln [BAS2007].

$$\frac{p_2}{p_1} = \pi_v = \left[1 + \frac{\dot{m}_T}{\dot{m}_V} * K_1 * \frac{T_3}{T_1} * \eta_{TL} * \left(1 - \frac{p_4}{p_3}\right)^{\frac{\kappa_3-1}{\kappa_3}}\right]^{3,5} \qquad (3.26)$$

Hierbei gilt folgende Indizierung.

Index	Ort
1	vor Verdichter
2	nach Verdichter
3	vor Turbine
4	nach Turbine

Tabelle 5: Indizes Turboladerhauptgleichung

Neben der Aufladung kommt der Abgasrückführung bei Dieselmotoren eine wichtige Rolle zu. Der Forschungsmotor ist mit einer gekühlten Hochdruck-AGR ausgestattet (vgl. Abbildung 32). Das Abgas wird dabei auslassnah noch vor der Abgasdrossel abgezweigt und durch einen Kühler, der mit Wasser durchströmt wird, konditioniert. Eine Venturi-Mischstelle sorgt für hohe Rückführraten und eine gute Vermischung von Frischluft und Abgas. Zur Regelung der Abgasrückführrate ist auf der heißen Seite des Kühlers eine Drossel verbaut, die, genauso wie auch die Abgasdrossel, von der Prüfstandsautomatisierung geregelt werden kann.

Um hohe Abgasrückführraten zu realisieren, wurde ein Rückschlagventil ("Flatterventil") in die AGR-Strecke eingebracht. Dieses findet sich direkt nach der auslassseitigen AGR-Abzweigung in der AGR-Strecke. An diesem Einbauort können die Auslasspulsationen des Einzylindermotors gut ausgenutzt werden, um große Mengen Abgas rückzuführen.

Das System hat sich im Versuchsbetrieb als gut geeignet erwiesen. Es ermöglicht auch bei hohen Ladedrücken Abgasrückführraten von bis zu 50%.

3.1.6 Optischer Zugang zum Brennraum für hohe Zylinderdrücke

Über einen optischen Zugang zum Brennraum können die während der Verbrennung ablaufenden Vorgänge visualisiert werden. Mittels passiver Analysemethoden wird dabei mit einer Kamera beispielsweise Rußeigenleuchten aufgenommen. Bei aktiven Analyseverfahren wird meist mit einem Laserschnitt eine horizontale oder vertikale Ebene im Brennraum optisch analysiert. Es kann mittels einer Stroboskop-Taktung durch Einzelaufnahmen ein Film generiert werden oder alternativ eine High-Speed-Kamera zum Einsatz kommen.

Verschiedene Zugänge zum Brennraum sind möglich.

Lichtleiterzugang

In den Zylinderkopf eingebrachte, einzelne Lichtleiter erlauben aufgrund ihrer hohen Druckfestigkeit den Betrieb des Motors bei hohen Zünddrücken. Da jede Lichtleiterfaser jedoch später einem „Bildpunkt" entspricht, entstehen nieder-aufgelöste Aufnahmen, die maßgeblich qualitative Rückschlüsse erlauben.

Endoskopzugang

Mit eher geringen Modifikationen am Zylinderkopf kann durch eine Zugangsbohrung eine optische Endoskopsonde eingebracht werden. Derartige Sonden sind mit einer Weitwinkeloptik ausgestattet, so dass trotz der kleinen Zugangsbohrung doch ein akzeptabler Bildbereich erfasst wird. Besonders gut eignen sich Sonden, wenn ein spezieller Bereich im Brennraum, wie beispielsweise der Zündkerzenbereich bei einem direkteinspritzenden Ottomotor, erfasst werden soll. Eine dreidimensionale Auswertung von gewonnenen Filmaufnahmen, mit der CFD-Berechnungen validiert werden können, ist jedoch nur mit einem optischen Vollzugang sinnvoll möglich.

Optischer Vollzugang durch Kolben und Laufbuchse

Den umfassendsten optischen Brennraumzugang ermöglicht die Kombination aus einem optischen Zugang durch Kolben und Laufbuchse. Dabei wird meist die Laufbuchse im oberen Bereich als Glasring ausgeführt. Der Kolben wird grundlegend modifiziert als langer Stegkolben mit einem Glaseinsatz im Kolbenoberteil (vgl. Abbildung 33). Das Kolbenunterteil ist an das Pleuel angebunden. Zwischen die zwei Kolbenstege ist ein Spiegel unter 45° zur Kolbenachse eingebracht. Über diesen wird der Brennraum von unten gefilmt.

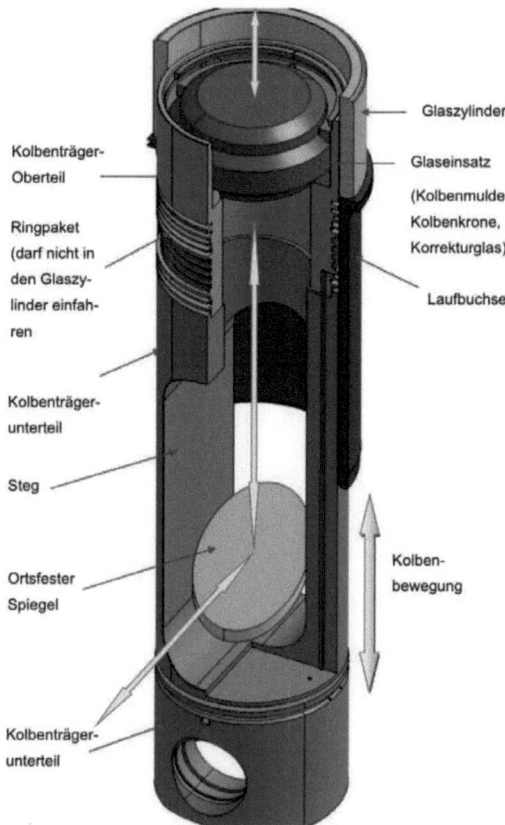

Abbildung 33: Stegkolben mit Glaseinsatz für Transparentmotor

Klassische optische Vollzugänge werden als bekannt vorausgesetzt und nicht genauer behandelt.

Einschränkungen bei konventionellen optischen Vollzugängen

Bei optischen Vollzugängen sind verhältnismäßig große Flächen der Glasbauteile druckbeaufschlagt, was zu entsprechend großen Belastungen der Glasbauteile führt. Temperaturschockfestigkeit in Kombination mit hohem optischen Transmissionsgrad der Glasbauteile schränkt die Auswahl des Glases ein und veranlasst meist zur Wahl von Quarzglas.

Werkstoffeigenschaft	Wert
Zugfestigkeit	50 N/mm²
Druckfestigkeit	1200 N/mm²
Temperaturausdehnungskoeffizient	$0{,}54 \times 10^{-6}$ K^{-1}

Tabelle 6: Werkstoffeigenschaften Quarzglas

Der spröde und kerbempfindliche Werkstoff Quarzglas sollte so dimensioniert werden, dass, zumindest in der Berechnung, Zugspannungen von max. 8 N/mm² auftreten. Dadurch werden bei Transparentmotoren mit optischem Vollzugang die Zünddrücke auf 80 bis 100 bar begrenzt. Bei modernen, aufgeladenen Dieselmotoren können damit rußkritische Volllast-Betriebspunkte (ca. 200 bar oder höherer Brennraumdruck) nicht untersucht werden.

Entwicklung eines neuartigen optischen Vollzugangs

Für den beschriebenen Forschungsmotor wurde ein neuartiger optischer Vollzugang entwickelt, der so ausgelegt ist, dass damit auch die dieselmotorische Volllast bei Drücken von bis zu 300 bar untersucht werden kann.

Glaszylinder für 300 bar Brennraumdruck

Für den vorliegenden Forschungsmotor mit 120 mm Bohrung war es nicht möglich, einen Quarzglas-Ring, der den oberen Teil der Laufbuchse darstellt, für 300 bar Brennraumdruck auszulegen. Die starke Konzentration von Zugspannungen (vgl. Abbildung 34) am Innendurchmesser des mit Innendruck belasteten Glasrings kann durch eine Erhöhung der Materialstärke des Glasrings nur sehr begrenzt gesenkt werden. Parallel mit einer Erhöhung der Glasstärke steigen optische Verzerrungen durch den Glasring erheblich an.

Abbildung 34: Glasring unter Innendruck, FEM-Ergebnis

Die Problemstellung wird für vorliegenden Forschungsmotor durch einen von außen druckvorgespannten, Glasring gelöst. Der Vorspanndruck wird in einer um den Glasring liegenden Druckkammer mittels Druckluft eingebracht (vgl. Abbildung 35). Die Druckkammer ist aus der Umgebung wiederum über dicke, formoptimierte, Gläser, vergleichbar mit Bullaugen, optisch zugänglich. Wird in die Vorspannkammer ein Druck von p_{VS} = 300 bar eingebracht, wird der innere, dünne Laufbuchsenring aus Quarzglas unter allen Betriebszuständen von außen druckbelastet.

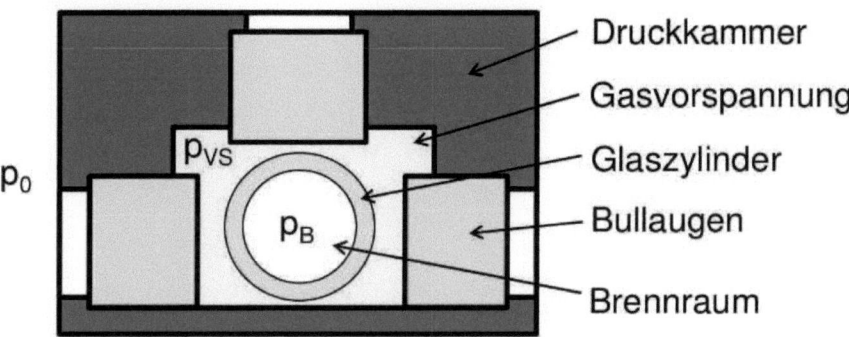

Abbildung 35: Glaszylinder über Druckkammer vorgespannt, Schemabild

Die hohe Druckfestigkeit von Quarzglas (vgl. Tabelle 6) wird dabei ausgenutzt. Mit FEM-Simulationen formoptimierte Bullaugen ertragen die hohen Vorpanndrücke bei rechnerischen, maximalen Zugspannungen von unter 10 N/mm². Die Kombination aus dicken, planparallelen Bullaugen und einem 10 mm dicken Glasring minimieren gegenüber herkömmlichen Einringlösungen, trotz deutlich angehobener Druckbeständigkeit, Verzerrungen.

Glaskolben für 300 bar Brennraumdruck

Für den Glaskolben kommt eine Kombination aus drei funktionsgetrennten Glasbauteilen zur Verwendung. Eine dicke, formoptimierte Glasmulde mit Domstruktur an der Unterseite nimmt die großen Druckkräfte aus Brennraumdruck auf (vgl. Abbildung 36). Angestellte Druckschultern an deren Unterseite bringen bei Belastung Druckspannung ein und ermöglichen, dass sich die Glaskrone hinsichtlich des Kraftflusses mehr als „Druckstab" und nicht als „Biegebalken" verhält. Aufgrund der dadurch gesteigerten Werkstoffausnutzung sinkt das Gewicht der Glaskrone. Entsprechend niedriger fallen darauf wirkende Massenkräfte aus.

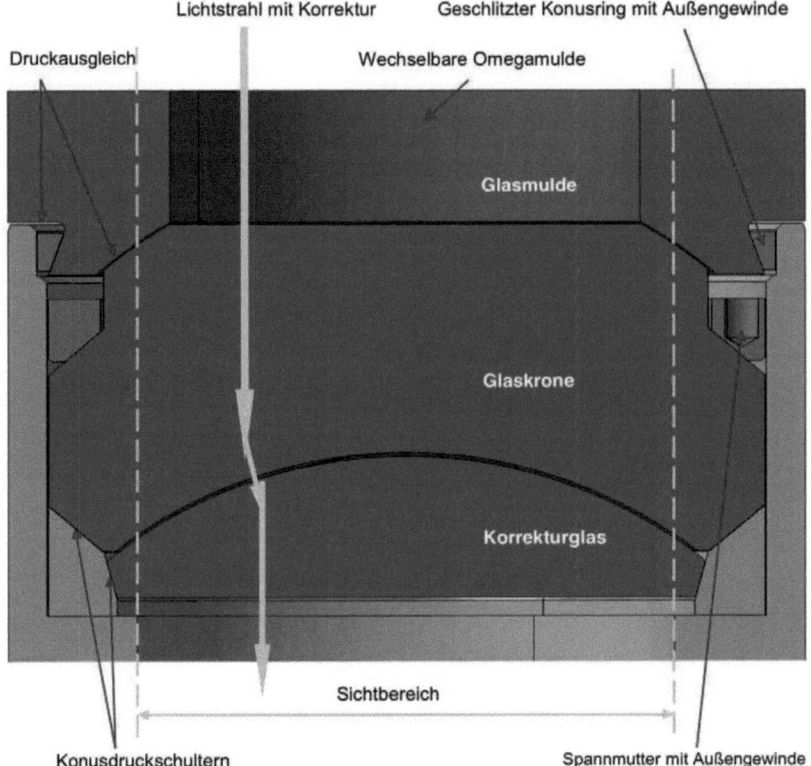

Abbildung 36: Glaskolben Oberteil

Eine Korrekturglas-Linse, die auf der unteren Seite der Kolbenkrone in deren Domstruktur eingebracht wird, führt gemeinsam mit der Kolbenkrone zu parallelen Lichtein- und -austritten mit der Folge minimaler Verzerrung des kolbenseitigen Bildes.

Eine aufgeschraubte und gut wechselbare Glasmulde realisiert eine seitlich voll optisch zugängliche Kolbenmulde, die zur Untersuchung verschiedener Muldengeometrien leicht angepasst werden kann. Der Ring ist konstruktiv so gestaltet, dass der Brennraumdruck auf dessen gesamte Oberfläche wirkt und so eine Art Druckausgleich hergestellt wird. Dies führt dazu, dass Druckspannungen in das Glas des Muldenrings eingebracht werden, ohne dass Reaktionskräfte auf den Ring wirken, die durch dessen Aufnahme getragen werden müssten. Entsprechend ist die Ringaufnahme so gestaltet, dass lediglich die auf den leichten Ring wirkenden Massenkräfte ertragen werden müssen. Hierbei werden über einen Steg unten an der Glasmulde die Massenkräfte an den Kolbenträger übertragen.

Ein hydraulischer Hubmechanismus erlaubt bei stehendem Motor eine Absenkung der Druckkammer zur Reinigung des Glaszylinders. Die folgende Abbildung zeigt das CAD-Modell des Transparentmotors im Schnitt.

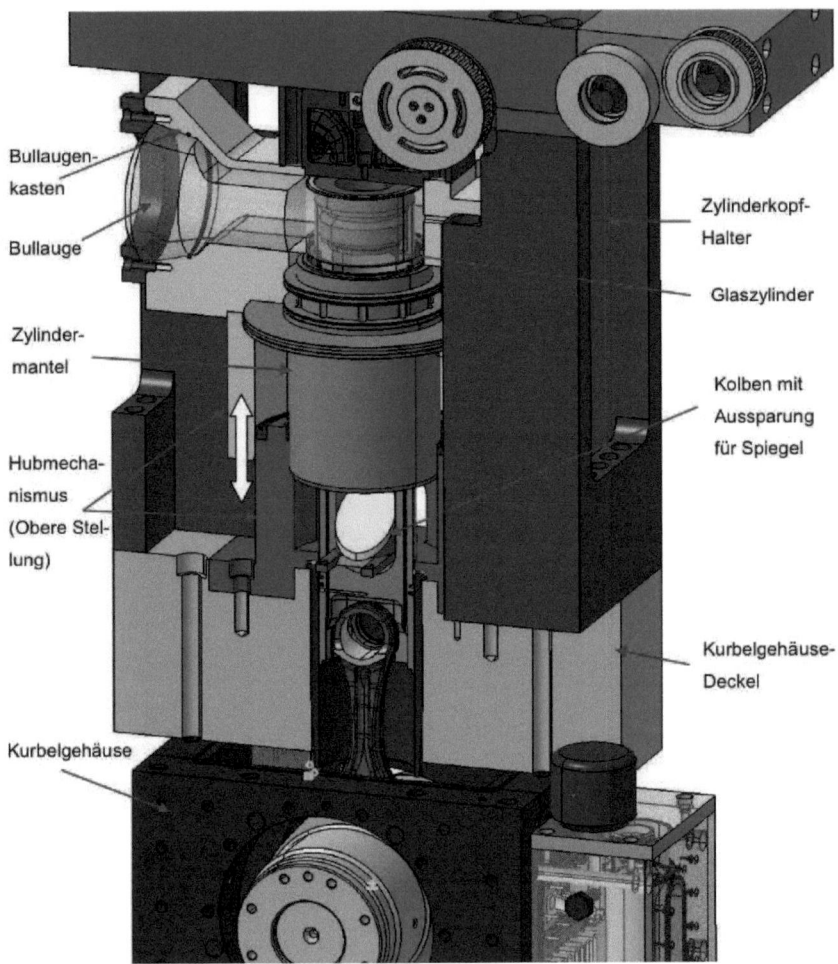

Abbildung 37: CAD-Schnitt durch Transparentmotor

Da sich der beschriebene Umbausatz des Forschungsmotors zum Transparentmotor zum Zeitpunkt der Fertigstellung und Einreichung dieser Arbeit noch in Fertigung und Montage befindet, wird um Verständnis dafür gebeten, dass zu diesem Zeitpunkt noch nicht ausführlicher berichtet werden kann.

3.2 Entwicklung und Auslegung einer Brennraum-Entnahmesonde

Das Thema „Rußbildung in Verbrennungskraftmaschinen" ist trotz umfangreicher Forschungsarbeiten in diesem Bereich noch immer unzureichend erforscht [KOZ2004], [ROT2006], [KNA2009]. So basieren die gängigen Rußbildungshypothesen maßgeblich auf Flammenchemie. Grund dafür ist, dass bei einer Verbrennungskraftmaschine nach dem Schließen der Einlassventile bis zum Ausschiebvorgang, der durch die Auslassventilöffnung initiiert wird, vom Zylinderdruck abgesehen, kaum Informationen zum Geschehen im Brennraum vorliegen. Transparentmotoren erlauben zwar auch in dieser Zeitspanne eine optische Analyse der Verbrennungsvorgänge, jedoch sind mittelfristig bei Transparentmotoren noch keine Untersuchungen einer Rußmorphologie im Betrieb des Motors denkbar. Um genaue Kenntnis über Rußbildungsstadien zu verschiedenen Zeitpunkten der Verbrennung zu erlangen, sind Rußproben zeitlich hoch aufgelöst während der Verbrennung aus dem Brennraum zu entnehmen

3.2.1 Zielsetzung und Randbedingungen

Es war erforderlich, eine Sonde zu entwickeln, die zu verschiedenen Zeitpunkten der Verbrennung aus dem Brennraum eine kleine Rußprobe entnimmt. Dabei wird eine zeitliche Auflösung von 1 ms angestrebt, um auch sehr schnell ablaufende Vorgänge der Rußbildung fein auflösen zu können. Abbildung 38 zeigt schematisch, wie durch aufeinanderfolgende Entnahmen von Ruß die einzelnen Proben den verschiedenen Zeitpunkten von Verbrennung und Arbeitstakt zugeordnet werden können.

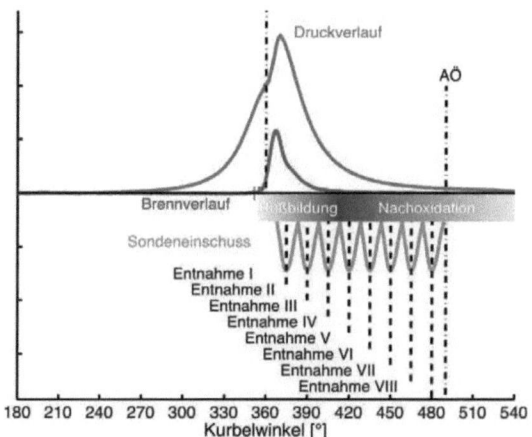

Abbildung 38: Probenentnahme aus einem Brennraum schematisch

Das Entnahmesystem war in den Vier-Ventil-Zylinderkopf des Forschungsmotors zu integrieren.

3.2.2 GRENZEN HERKÖMMLICHER GASENTNAHMEVENTILE

Herkömmliche Entnahmesysteme, wie beispielsweise das von Hansen [HAN1989] eingesetzte Gasentnahmeventil, kommen aus der Gasentnahmetechnik und sind daher nicht speziell für die Entnahme von Partikeln optimiert. Diese Ventile ähneln kleinen Auslassventilen, die meist magnetisch betätigt durch eine Art „Hammer-Kolben" kurzzeitg aufgestoßen werden. Dabei öffnet ein kleines Ventil mit Durchmesser von ca. 6 mm mit einem Hub von 0,1 bis 0,2 mm für ca. 1 ms. Da beschriebene Gasentnahmeventile meist brennraumseitig bündig mit dem Feuerdeck des Zylinderkopfs montiert werden, wird bei einem Entnahmevorgang lediglich Gas aus der Wandgrenzschicht entnommen. Hier ist die Flamme meist verloschen und es findet keine Reaktion statt, die abgesicherte Rückschlüsse auf die globale Reaktion im Brennraum zulassen würde. Alternativ besteht die Möglichkeit, ein Gasentnahmeventil statisch soweit in den Brennraum einzuschieben (im Bereich Kolbenmulden-Bereich), dass dessen Entnahmespitze im Bereich einer Flammenkeule zu liegen kommt. In diesem Fall trifft jedoch der Einspritzstrahl auf die Sondenspitze der Gasentnahmesonde. Es kommt zu einer erheblichen Beeinflussung des Sprays, wodurch auch der nachfolgende Ablauf der Verbrennung verfälscht wird.

Hinzu kommt bei statisch in den Brennraum hineinragenden Sonden eine hohe thermische Belastung der Sonde. Standzeiten werden dabei durch hohe Bauteiltemperaturen verkürzt. Auch werden ungewünschte Nachreaktionen entnommener Proben bei hohen Temperaturen in den Entnahmekanälen gefördert.

Genannte Nachteile ließen für geplante Untersuchungen eine herkömmliche Gasentnahmesonde als unzureichend erscheinen.

3.2.3 IN DEN BRENNRAUM EINSCHIEßENDE ENTNAHMESONDE

Im Rahmen dieser Arbeit wurde, unterstützt durch Studienarbeiten, eine Brennraum-Entnahmesonde entwickelt, die auf die Anforderungen bei der Erforschung der Rußbildung optimiert ist.

Die neue Sonde unterscheidet sich von herkömmlichen Gasentnahmeventilen hauptsächlich darin, dass sie für den Entnahmevorgang aus einer zylinderkopfbündigen Einbaulage „herausschießt" und dabei in den Kern einer Flammenkeule eindringt, um dort eine kleine Rußprobe zu entnehmen (vgl. Abbildung 39). Der Entnahmevorgang wird durch ein in der Sondenspitze integriertes Miniaturventil so gesteuert, dass die Entnahme erst nach dem Durchdringen der Wandgrenzschicht eingeleitet wird. Die Entnahme erfolgt aus der Flamme für eine Dauer von ca. 1 ms. Anschließend wird die Sonde wie beim Einschuss sehr schnell zurückgezogen, um möglichst kurz in der heißen Atmosphäre zu verweilen. Dabei kann die Sonde verhältnismäßig kühl gehalten werden, um Nachreaktionen von entnommenen Proben zu vermeiden.

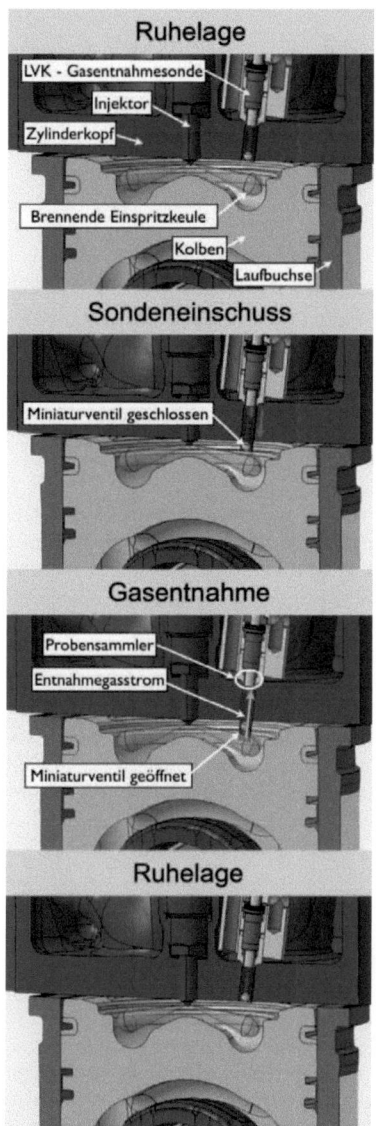

Abbildung 39: LVK-Brennraum-Entnahmesonde, Einbauort und Ablaufschema

3.2.3.1 Auslegung

Um auch bei hohem Druck aus dem Forschungsmotor Proben entnehmen zu können, mussten neben der Berücksichtigung hoher Kinematikanforderungen auch Dichtkonzepte gefunden werden, die sicherstellen, dass nicht ungewollt Brennraumgas in die Sonde gelangt.

3.2.3.2 Aktorik für hoch-dynamische Kinematikanforderungen

Eine systematische Konzeptstudie ergab für vorliegenden Fall, dass eine hydraulische Aktorik mit einem Betriebsdruck von bis zu 400 bar in Kombination mit kleinen, gewichtsoptimierten Kolben bei hoher Flexibilität das größte Potenzial für die Realisierung des hochdynamischen Einschuss-Rückhol-Vorgangs bietet. Entsprechend fiel die Wahl für die Sondenaktorik auf ein derartiges Hydrauliksystem.

3.2.3.3 Kinematik

Ein maximaler Sondenhub von 10 mm lässt bei vorliegendem Motor die Sonde direkt in den Kern einer Flammenkeule eindringen. Um einen möglichst schnellen und harmonischen Sondenhub darzustellen, wird ein Sondenkolben, der die einschießende Sonde antreibt, bei einem Entnahmevorgang bis zum halben Maximalhub in Richtung Brennraum auf maximale Einschussgeschwindigkeit beschleunigt (vgl. Phase 1 in Abbildung 39). Es folgt eine Verzögerungsphase (Phase 2) mit betragsmäßig gleicher Verzögerung bis zum maximalen Hub der Sonde. Im Bereich des maximalen Hubs öffnet ein Miniaturventil in der Sondenspitze, wobei Brennraumgas und –partikel entnommen werden. Während des folgenden Einfahrvorgangs wird die Sonde anfangs in Richtung Zylinderkopf beschleunigt (Phase 3) und ab halbem Hub wieder verzögert (Phase 4), so dass diese bei optimaler Auslegung mit einer „Andock"-Geschwindigkeit von nahezu null in die brennraumbündige Ruhestellung fährt (vgl. Abbildung 39).

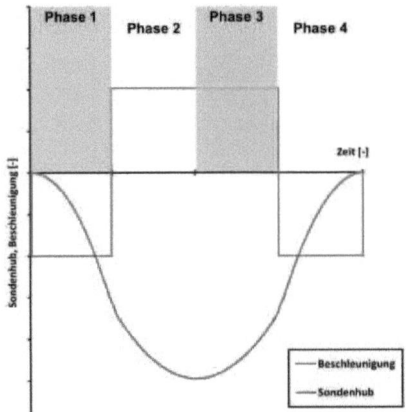

Abbildung 40: Sondenkinematik idealisiert; Sondenbeschleunigung und -hub während eines Entnahmevorgangs

Hohe Andock-Geschwindigkeiten würden Spezialdichtungen und Anschläge der Sonde überlasten. Der Beschleunigungsverlauf (vgl. Abbildung 40) zeigt, dass die für den gewünschten Bewegungsverlauf wirkenden, resultierenden Beschleunigungskräfte bei jeweils halbem Hub schlagartig wechseln sollten. Für einen üblichen, beidseitig wirkenden, mit einem 4/3-Wegeventil angesteuerten Kolben würde dies bedeuten, dass jeweils bei halbem Hub das Wegeventil von der Endstellung „Ausfahren" über die Nullstellung in die gegenüberliegende Endstellung „Einfahren" gebracht werden müsste. Herkömmliche Hydraulikventile der erforderlichen Volumenstromklasse brauchen hierfür zirka 30 bis 60 ms. Aufwändige Schnellschaltventile benötigen dafür ungefähr 5 ms. Bei angestrebten Entnahmezeiten von 1 ms scheiden derartige Zylinderansteuerungen aus. Auch andere, bekannte Ansteuerprinzipen wurden im Rahmen einer Konzeptstudie, meist aufgrund zu langer Umschaltzeiten, für ungeeignet befunden. Dies erforderte die Entwicklung eines neuen Steuerprinzips für die Gasentnahmesonde.

3.2.3.4 Differential-Trennkolben-Prinzip

Es konnte eine Anordnung gefunden werden, die die gewünschte Kraftumkehr nahezu schlagartig und automatisch ermöglicht. Hierbei ist der die Sonde (hellblaue Darstellung in Abbildung 41) antreibende Sondenkolben (orange Darstellung) als Diffentialkolben mit dominierender Unterfläche ausgeführt. Ein auf dem Sondenkolben laufender Steuerkolben (dunkelblaue Darstellung) steuert die Druckbeaufschlagung der unteren, größeren Fläche des Differenzialkolbens gezielt. In Phase 1 (vgl. Abbildung 40 und Abbildung 41) liegt der Hydraulikdruck lediglich auf der oberen Fläche des Sondenkolbens an, wobei dieser zusammen mit der Sonde in Richtung Brennraum beschleunigt wird. Eine mit Hilfe der Simulation ausgelegt Ablaufdrossel, die den Kolbenzwischenraum (zwischen Sonden- und Steuerkolben) mit dem Ölrücklauf verbindet, sorgt dafür, dass sich in Phase 1 drosselgleichgewichtsbedingt lediglich ein kleiner Druck aufbaut.

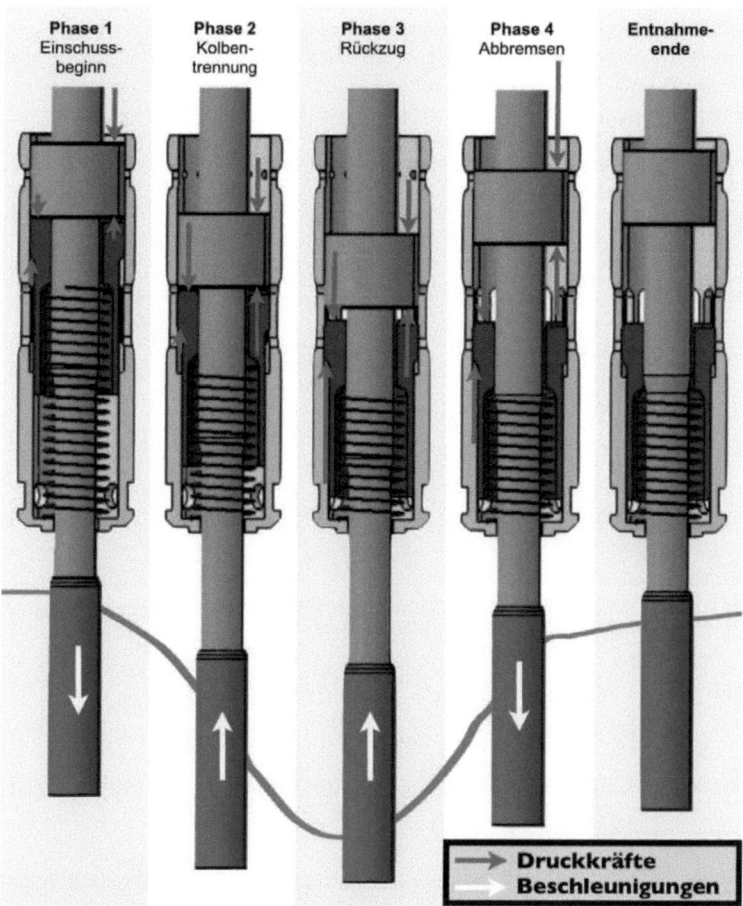

Abbildung 41: Hydrauliksystem; Sondenkolben: orange, Sonde: hellblau, Steuerkolben: dunkelblau

Nach halbem Hub erreicht der Kolbenzwischenraum eine Steuerkante in der Laufbuchse, wodurch sich der Systemdruck zwischen den beiden Kolben vollständig ausbildet. Am nun an Ober- und Unterseite mit Systemdruck beaufschlagten Sondenkolben kehrt sich hierbei die resultierende Beschleunigungskraft um und dieser wird verzögert. (Phase 2) Kurz vor Erreichen des maximalen Hubs wird die Gasentnahme für 1 ms eingeleitet. Nach Erreichen des Umkehrpunktes werden Sondenkolben und Sonde wieder nach oben in Richtung Zylinderkopf beschleunigt (Phase 3), um in

Phase 4 durch eine hydraulische Dämpfung für das „Andocken" in der Ruheposition verzögert zu werden. Der gesamte Bewegungsablauf geschieht hydraulikdruckabhängig in ca. 3 ms. Nach erfolgter Entnahme befindet sich der Sondenkolben wieder in Ruhestellung. Lediglich der Steuerkolben steht noch in seiner unteren Totposition, aus der er bei Druckentlastung des Systems durch eine Feder nach oben an die Unterfläche des Sondenkolbens geschoben wird. Diese Rückstellung erfordert prinzipbedingt zwischen zwei Entnahmevorgängen eine Rückstellpause von ca. 2 Sekunden. Da jedoch bereits eine Gasentnahme ausreichend Rußpartikel für die gewünschten Analysen liefert, stellt diese Rückstellpause keinerlei Einschränkung dar.

Abbildung 42 zeigt zur Veranschaulichung die Kolben im Original neben einer 2ct Münze zum Größenvergleich.

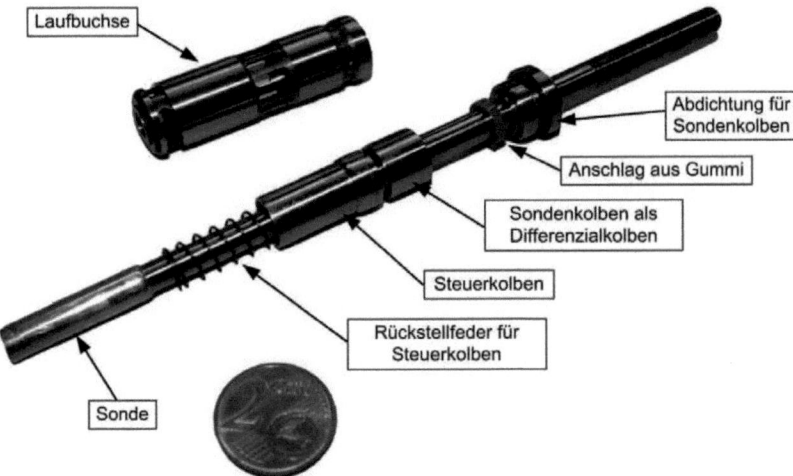

Abbildung 42: Sonde, Sondenkolben, Steuerkolben und Laufbuchse im Größenvergleich mit 2ct Münze

3.2.3.5 Dichtsystem für Hydraulikdruck

Die hohen Einschussgeschwindigkeiten der Sonde (bis zu 20 m/s) bedeuten in Kombination mit Hydraulikdrücken von bis zu 400 bar eine große Herausforderung an die Axialdichtungen der Kolben. Bei den Dichtungen ist i.A. die maximal ertragbare spezifische Reibleistung an der Dichtkante die begrenzende Größe. Da die Gleitgeschwindigkeit an den Dichtkanten durch die hohe Einschussgeschwindigkeit vorgegeben wird, gilt es, die Druckdifferenz über die dynamischen Kolbendichtungen auf nahezu null zu begrenzen. Dies gelingt durch ein spezielles Dichtsystem, das jeweils eine Spaltdichtung mit einer Axialgleitringdichtung kombiniert (vgl. Abbildung 43). Eine mit dem Ölrücklauf verbundene Nut zwischen Dichtungen stellt eine Druckrandbedingung dar, gemäß der der Hydraulikdruck über den Dichtspalt auf Rücklaufdruck abfällt. So liegt an der

Axialgleitringdichtung lediglich die geringe Differenz zwischen Rücklauf- und Umgebungsdruck an und die hohen Gleitgeschwindigkeiten werden ertragen.

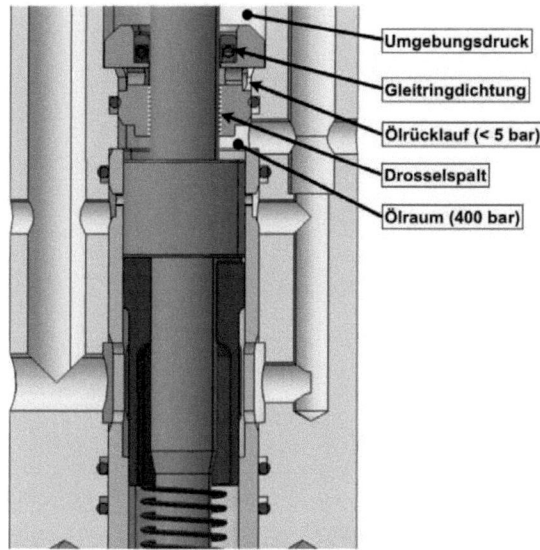

Abbildung 43: Kolbendichtung kombiniert aus Spalt- und Gleitringdichtung

3.2.3.6 Dichtsystem für Brennraumabdichtung

Die Brennraumabdichtung stellt aufgrund der hohen Brennraumspitzendrücke (bis 300 bar) in Kombination mit heißen, rußigen Gasen die größte Herausforderung an die Sondenabdichtung zum Brennraum hin dar. Von einer von den Gaswechselventilen bekannten Ventilsitzabdichtung der Sonde wird abgesehen, da diese zu empfindlich auf die „Andockgeschwindigeit" der Sonde reagieren würde. Auch die Verwendung des oben beschriebenen Dichtsystems würde durch den kontinuierlichen Brenngas - Leckstrom über den Spalt verschmutzen sowie sich übermäßig aufheizen. Eine Lösung bringt ein mit der Firma GFD aus Brackenheim erarbeitetes hubabhängiges, kombiniertes Dichtsystem (vgl. Abbildung 44). Hierbei wird bei niedrigen Ein- und Ausfahrgeschwindigkeiten der Sonde im Hubbereich von 0...1 mm zwischen Sonde und Gehäuse durch eine Axialkolbendichtung der Brennraumdruck abgedichtet. Bei hohen Geschwindigkeiten im Hubbereich von 1...10 mm erfolgt die Abdichtung des Brennraumdrucks dagegen durch eine reine Drosselspaltdichtung mit ca. 15 mm Länge. So ist die Abdichtung in Ruhestellung der Sonde vollkommen dicht und die hinter dem Drosselspalt angeordnete Axialdichtung von den heißen Brennraumgasen geschützt. Lediglich während der wenige Millisekunden andauernden

Gasentnahme strömt heißes, rußiges Leckgas in geringer Menge aus. Dabei wird dieses in dem langen Drosselspalt ausreichend abgekühlt, um die empfindliche Axialdichtung nicht zu zerstören.

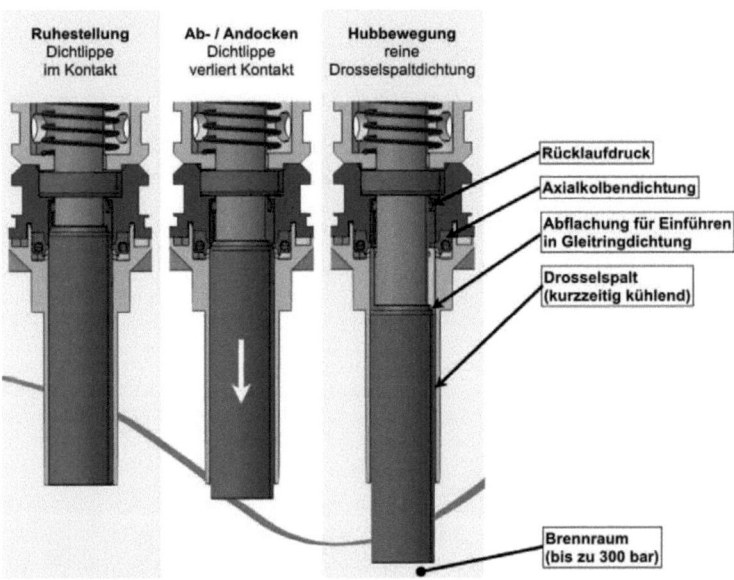

Abbildung 44: Brennraumabdichtung

3.2.3.7 Probenentnahme-Ventilsystem

Zur Steuerung der Entnahme wurde ein am LVK eigens dafür entwickeltes, hochdynamisches Miniaturventilsystem in die Spitze der einschießenden Sonde integriert. Dessen Öffnungsverhalten ist für jeden Entnahmevorgang variabel und wegabhängig einstellbar. Im Versuchsbetrieb wird entnommenes Brennraumgas sofort entspannt und abgekühlt sowie mit Inertgas gemischt, um ungewollte Nachreaktionen der Probe zu verhindern. Die Abscheidung entnommener Rußpartikel erfolgt kurz hinter dem Entnahmeventil in der Sonde auf einem leicht und schnell entnehmbaren, innengekühlten Probenhalter.

3.2.4 SIMULATION

Die gewünschte Sondendynamik erfordert mittlere Beschleunigungen von 40.000 m/s². Um die hierfür erforderlichen Geometrieeigenschaften der Kolben, Steuerschlitze und Verzögerungselemente zu bestimmen, wurde in MatLab-Simulink ein Simulationsmodell (vgl. Abbildung 45) erstellt das die wesentlichen mechanischen und hydraulischen Eigenschaften der Sonde abbildet. Dabei werden ausschließlich eindimensionale Gleichungen verwendet, die Gasentnahmesonde ist als Feder-Masse-Dämpfer-System modelliert.

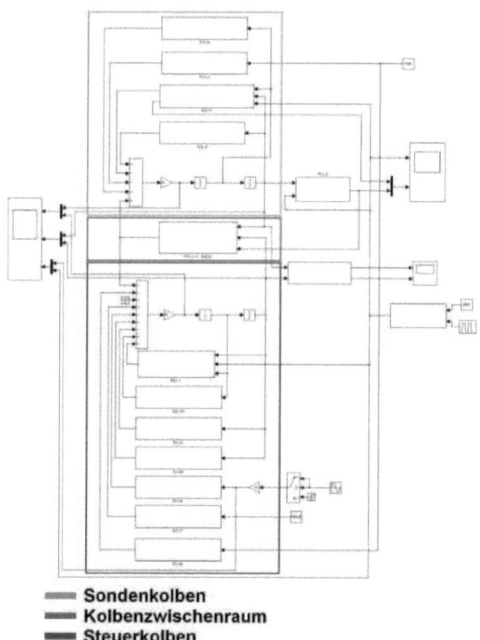

— Sondenkolben
— Kolbenzwischenraum
— Steuerkolben

Abbildung 45: Simulationsmodell in Matlab Simulink

Die zentralen Elemente des Simulationsmodels sind die beiden Kolben, an denen die angreifenden Kräfte bilanziert und integriert werden. Dabei gelten die Newton'schen Bewegungsgleichungen für

Beschleunigung $a = \frac{1}{m} * \sum_i F_i$, Geschwindigkeit $v = \int \frac{1}{m} * \sum_i F_i$ und Weg $s = \iint \frac{1}{m} * \sum_i F_i$. (3.27)

Kolben und Ventile werden dabei als Punktmassen betrachtet. Die angreifenden Kräfte setzen sich aus den Rückstellkräften der verbauten Federn, den Kontaktkräften zwischen den Kolben bzw. Kolben und Endlagendämpfern, den Fluidkräften, sowie Verlusttermen zusammen. Sämtliche elastische Eigenschaften der Bauteile sind als Federelemente modelliert, wobei die entsprechenden

Ersatzfedersteifigkeiten anhand von Geometrieeigenschaften und des Materialgesetztes ermittelt wurden. Dies ermöglicht es, die Kontaktkräfte wegabhängig zu berechnen, wodurch sich ein stetiger Kraftverlauf ergibt der durch gängige Integrationsverfahren verarbeitet werden kann. Durch Reibung in den Gleitflächen und vergleichbarer Effekte verursachte Verluste werden in Form von Dämpfungstermen erfasst, hierfür wird ein linearer, geschwindigkeitsabhängiger Zusammenhang gewählt:

$$F_D = -K * v \qquad (3.28)$$

Zur Abschätzung geeigneter Dämpfungskonstanten K konnte auf Erfahrungen aus der Simulation des Nadelhubes von Einspritzinjektoren zurückgegriffen werden, wo ähnliche Bedingungen vorliegen.

Die Fluidkräfte setzen sich aus den anliegenden Hydraulikdrücken und dem auf die Brennraumsonde wirkenden Brennraumdruck zusammen. Dieser beaufschlagt die Sondenstirnfläche und hat einen erheblichen Einfluss auf das Verhalten der Sonden. Das hydraulische System wird durch die reibungsbehaftete Bernoulli – Gleichung für Rohrströmungen beschrieben:

$$\Delta p = \zeta \frac{\rho}{2} q^2 + \lambda \frac{l}{d} \frac{\rho}{2} q^2 + \frac{\rho}{2} q^2 \qquad (3.29)$$

Dabei wird das Fluid als ideal inkompressibel betrachtet, sowie Volumenkonstanz und konstante Viskosität angenommen. Dadurch ist für das Volumen der Beschleunigungs- und Verzögerungskammern eine einfache Kopplung zwischen Kolbenposition und Fluidmassenstrom möglich. Die Verlustbeiwerte wurden anhand von Literaturangaben abgeschätzt. Dabei war zu berücksichtigen, dass die verwendeten Gleichungen für stationäre, voll ausgebildete Strömungen gültig sind, hier jedoch hochdynamische Vorgänge betrachten werden. Durch die großen Querschnitte in den Zu- und Ablaufbohrungen in Kombination mit den vergleichsweise kleinen Volumenströmen nimmt die Strömungsgeschwindigkeit nur kleine Werte an, in der Regel unter 10 m/s, wodurch sich die Fehler angesichts deutlich größerer Unsicherheiten an anderen Stellen in einem vertretbaren Rahmen bewegen. Für den Strömungszustand in den Dicht- und Verzögerungsspalten wird laminare Spaltströmung angenommen, es kann der Zusammenhang

$$\Delta p = \frac{12\eta}{d\pi\delta^3} \frac{lQ_L}{1 + 1.5\varepsilon^2} \ ; \ \delta = \frac{D - d}{2} \qquad (3.30)$$

angewendet werden. [PFL2009]

Die Ergebnisse der Simulationen fanden direkt Eingang in den Optimierungsprozess der Sonde.

3.2.5 Erprobung und Simulationsvalidierung

Die bei der Fa. GFH GmbH Deggendorf gefertigte Sonde (vgl. Abbildung 46) wurde vor dem Einbau in den Forschungsmotor auf einem Prüfstand hinsichtlich Dynamik und Eigenverhalten untersucht.

Abbildung 46: Einzelteile der Brennraum-Entnahmesonde

Der verwendete Prüfstand (vgl. Abbildung 47) verfügt über eine kleine Druckkammer, die den Brennraumdruck während einer Entnahme simuliert. Durch zwei gegenüberliegende Quarzglas-Fenster wurde ein Laserband in der Druckkammer eingebracht, in das die Sonde einschießt. Ein Detektor vermisst dabei den Hub der Sonde zeitlich hoch aufgelöst. Die Vor- und Rücklaufleitungen zu der Sonde sind mit hochdynamischen Drucksensoren ausgestattet.

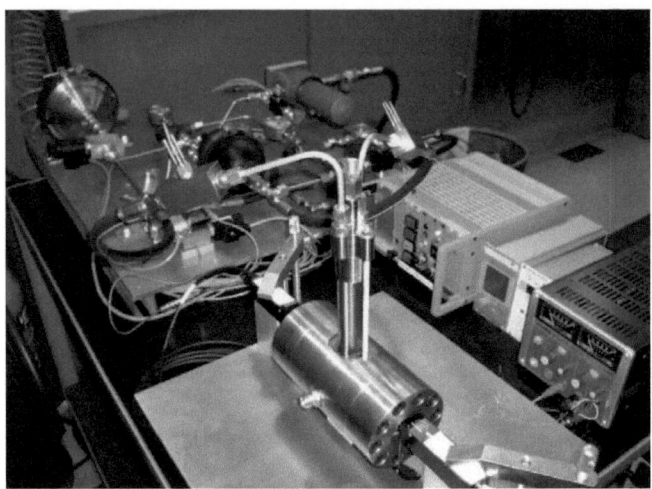

Abbildung 47: Sondenprüfstand mit Druckkammer und Laser-Hubmessung

Neben einer Validierung der Simulation war bei den Untersuchungen von großem Interesse, einen sich bereits in der Simulation abgezeichneten Zusammenhang zwischen Druck in der Rücklaufleitung der Sonde und Entnahmezeitpunkt bzw. maximalem Hub der Sonde zu bestätigen und genauer zu untersuchen. Es konnte dabei bestätigt werden, dass das zweite, lokale Druckmaximum im Rücklauf mit der Mitte der Probenentnahme zeitlich zusammenfällt.

Dieser Zusammenhang ist sehr bedeutsam, da bei den späteren Messungen mit der Entnahmesonde der exakte Einschusszeitpunkt anhand des mitgemessenen Druckverlaufs in der Rücklaufleitung exakt einem Kurbelwinkel zugeordnet werden kann.

Mittels der Laserband-Hubmessung wurde der Hubverlauf der Sonde vermessen.

Abbildung 48 zeigt die berechneten und gemessenen Hubverläufe der Sonde. Wie zu erkennen ist, werden die durch die Simulation berechneten kurzen Entnahmezeiten sowie der harmonische Bewegungsverlauf durch die Hubmessung bestätigt, wenngleich die gemessene Hubkurve in punkto Dynamik hinter der berechneten zurückbleibt.

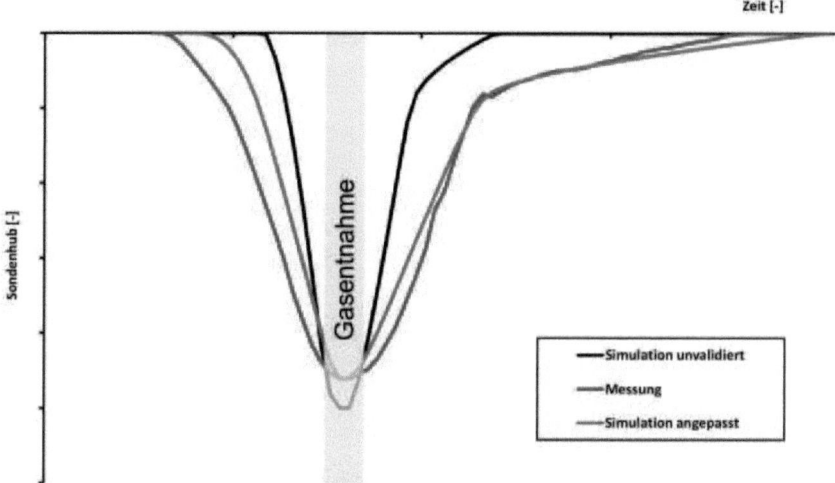

Abbildung 48: Hubkurven im Vergleich: Simulation unvalidiert, Messung, Simulation angepasst

Dies ist vor allem auf die Schaltdauer des den Entnahmevorgang einleitenden Schnellschaltventiles und die daraus resultierenden niedrigeren Druckanstiegsgeschwindigkeiten zurückzuführen. Werden Druckanstiegsgeschwindigkeiten und Dämpfungskoeffizienten entsprechend der gemessenen Werte angepasst, liefert das Model den blauen Hubverlauf (Simulation angepasst), der die Realität sehr gut wiederspiegelt. Tabelle 7 stellt die erforderliche Modellanpassungen dar.

Physikalische Größe	Simulationsparameter	Validierter Parameter	Ursache
Druckanstiegsgeschwindigkeit in Zuleitung zur Sonde	$\frac{dp}{dt} = 2000 \, bar/ms$	$\frac{dp}{dt} = 500 \, bar/ms$	Schaltdauer des zur Entnahme-Initialisierung verwendeten Schnellschaltventils zu lange
Dämpfungskoeffizienten an Mantelflächen von Sonden- und Steuerkolben	$K_{Sondenkolben} = -60 \, kg/s$ $K_{Steuerkolben} = -40 \, kg/s$	$K_{Sondenkolben} = -100 \, kg/s$ $K_{Steuerkolben} = -60 \, kg/s$	Erhöhte Reibung an den Axialkolbendichtringen, vermutlich bedingt durch Abweichungen in der Flächenpressung der Dichtringe

Tabelle 7: Simulationsanpassung nach Validierung

3.3 Messtechnik

An die Messtechnik eines Verbrennungsmotorenprüfstands werden hohe Anforderungen gestellt. So erfordern schnell ablaufende Prozesse, wie der Gaswechsel und die Verbrennung, ein entsprechend hochfrequent und präzise abtastendes Messsystem. Die Messung von Gaskonzentrationen sowie partikelförmiger Abgaskomponenten bedarf dagegen aufwendiger Abgasmesstechnik. Im Folgenden wird auf das verwendete Indiziersystem und die eingesetzte Abgasmesstechnik eingegangen. Standard-Messverfahren, wie beispielsweise das Messen von Temperaturen mit Thermoelementen und das Messen von statischen Drücken mit Druckgebern, werden als bekannt vorausgesetzt.

3.3.1 Verwendetes Indiziersystem

Ein Indiziersystem mit schnellen Druckmessstellen an Einlasskanal, Zylinder und Auslasskanal kam zum Einsatz. Entsprechende Verstärker wandeln die Ausgangssignale der in Tabelle 8 aufgeführten Drucksensoren in 0...10 V Signale.

Einbauort	Sensortyp	Kühlung	Messverfahren	Messgröße	Messbereich
Einlasskanal	Kistler 4045 A10	Wasser	piezoresistiv	Absolutdruck	0...10 bar
Zylinder	Kistler 7061 B	Wasser	piezoelektrisch	Relativdruck	0...250 bar
Auslasskanal	Kistler 4045 A20	Wasser	piezoresistiv	Absolutdruck	0...10 bar

Tabelle 8: Drucksensoren der Indizierung

Ein am LVK entwickeltes, auf Matlab basierendes Indiziersystem liest über eine schnelle Messkarte die Drucksignale winkelbasiert ein. Hierbei erfolgt eine Synchronisierung zum Kurbelwinkel über einen Dreh-Impulsgeber mit einer Teilung von 1 °KW. Während 360 Impulse jede Umdrehung die sogenannte „Clock" für die Messkarte darstellen, erfolgt der Start bzw. die Triggerung der Messung über einen zweiten exakt auf OT ausgerichteten Impuls des Dreh-Impulsgebers.

Das Indiziersystem erkennt eigenständig anhand des Zylinderdruckverlaufs den Arbeitstakt, womit ein Nockenwellensensor für die Messtechnik nicht erforderlich ist.

Die Signale werden kontinuierlich in einem Puffer abgelegt. Dieser „überlaufende" Puffer fasst die Daten der jeweils letzten 50 Arbeitsspiele, womit beispielsweise im Falle eines ungewöhnlichen Effekts oder Schadens bei sofortigem Starten einer Messung die Daten der letzten 50 Arbeitsspiele vor Start der Messung noch vorliegen.

Löst der Benutzer oder die Prüfstandsautomatisierung eine Messung aus, werden sowohl die Rohdaten der 50 letzten Arbeitstakte als auch eine Mittelung über diese abgespeichert.

3.3.2 Eingesetzte Abgasmesstechnik

Für die Bestimmung der Konzentrationen der einzelnen Abgaskomponenten wurde eine Horiba Mexa 7000 Abgasmessanlage eingesetzt. Sie ermöglicht die Messung der in Tabelle 9 zusammengestellten Gase nach den jeweils nebenstehenden Messverfahren.

Messgröße	Messverfahren / Detektor
Kohlenmonoxid (CO)	Nichtdispersiver Infrarotanalysater (NDIR)
Kohlendioxid (CO_2)	Nichtdispersiver Infrarotanalysater (NDIR)
Sauerstoff (O_2)	Magnetopneumatischer Sauerstoffanalysator
Stickoxide (NO_x)	Chemolumineszenzdetektor (CLD)
Unverbrannte Kohlenwasserstoffe (HC)	Flammenionisationsdetektor (FID)

Tabelle 9: Messgrößen und Messverfahren einer Horiba Mexa 7000 Abgasanalyse

Eine zweite CO_2-Messstrecke erlaubt eine Bestimmung der Abgasrückführrate (AGR-Rate) mittels CO_2-Differenzmessung von Ein- und Auslasskanal. Nach folgender Formel wird über die CO_2-Konzentrationen des „Gemischs" (Luft + AGR) im Einlass und des Abgases die AGR-Rate errechnet.

$$x_{AGR} = \frac{\psi_{CO2,Gemisch}\frac{M_{CO2}}{M_{Gemisch}} - \psi_{CO2,Luft}\frac{M_{CO2}}{M_{Luft}}}{\psi_{CO2,Abgas}\frac{M_{CO2}}{M_{Abgas}} - \psi_{CO2,Luft}\frac{M_{CO2}}{M_{Luft}}} \quad (3.31)$$

3.3.3 Eingesetzte Analyseverfahren für Ruß und Partikel

Zur Bestimmung der partikelförmigen Emission kamen zwei Messgeräte zum Einsatz. Während die Konzentration an emittiertem Ruß mit einem AVL Micro Soot Sensor (PASS-Sensor) gemessen wurde, diente ein NOVA MMB Microtrol zur Messung von Partikelkonzentration.

AVL 483 Micro Soot Sensor zur Messung von Ruß

Nach einem photoakustischen Prinip bestimmt der AVL 483 Micro Soot Sensor die Konzentration von Ruß, dem elementaren Kohlenstoffanteil an der Partikelmasse, im verdünnten Abgasstrom. Das Prinzip basiert auf der Absorption von monochromatischem Licht durch Rußpartikel. Die von den Rußpartikeln aufgenommene Energie geben diese in Form von Wärmestrahlung wieder ab. In Kombination mit einer konstanten Frequenzmodulation bildet sich eine stehende Schall- bzw. Druckwelle aus. Über einen akustischen Resonator kann ein Mikrophon die Schallwelle detektieren. Rothe spricht von einer guten Proportionalität zwischen der im Mikrophon induzierten Spannung und der Massenkonzentration des Rußes. [ROT2006]

Abbildung 49 zeigt ein Schemabild eines photoakustischen Sensors als Vorläufer des AVL Micro Soot Sensors.

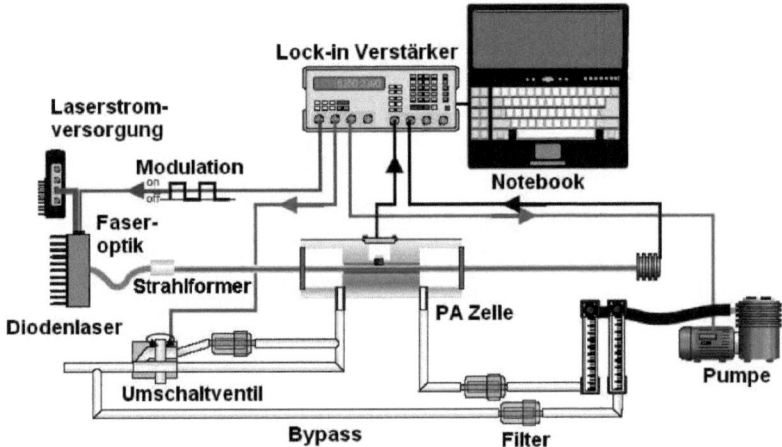

Abbildung 49: Schematischer Aufbau eines photoakustischen Sensors [ROT2006]

Das sensible Messsystem ermöglicht Nachweisgrenzen für Ruß von 5 bis 10 µg/m³.

NOVA MMB Microtrol 5 zur Messung von Partikeln

Die Partikelkonzentration im Abgas wird beim NOVA MMB Microtrol 5 mittels eines Teilstrom-Filtersystems gravimetrisch bestimmt. Dabei wird ein Abgasteilstrom verdünnt und anschließend definiert durch einen Filter geleitet. Typische Beaufschlagungsdauern liegen bei 30 bis 60 s. Eine Temperierung des Filters auf 47 °C +- 5 K verhindert, dass flüchtige Partikelanteile, die bei 52 °C und darüber sieden, vom Filter abdampfen und so die Partikelmasse senken. Nach der Beaufschlagung werden die Filter aus dem Microtrol demontiert, getrocknet und anschließend ausgewogen. Aus deren Gewichtszunahme über die Messung wird die Abgas-Partikelkonzentration rechnerisch bestimmt.

3.4 Verwendeter Kraftstoff

Alle Motorversuche wurden mit normalem Dieselkraftstoff durchgeführt. Die genaue Zusammensetzung des eingesetzten Diesels wurde bei der Analytik-Service-Gesellschaft ASG in Neusäss ermittelt (vgl. Tabelle 10).

Prüfparameter	Prüfmethode	Prüfergebnis	Einheit
Monoaromaten		19,4	% (m/m)
Diaromaten	DIN EN 12916	2,8	% (m/m)
Tri- und Tri(+)-Aromaten		0,3	% (m/m)
% (V/V) aufgefangen bei 250 °C		42,6	% (V/V)
% (V/V) aufgefangen bei 350 °C	DIN EN ISO 3405	94,8	% (V/V)
95% (V/V) aufgefangen bei		365,6	°C
Dichte (15 °C)	DIN EN ISO 12185	831,0	kg/m³
Kin. Viskosität (40 °C)	DIN EN ISO 3104	2,757	mm²/s
Brechungsindex (20 °C)	DIN 51 423-2	1,4600	-
Schwefelgehalt	DIN EN ISO 20884	18,0	mg/kg
Aromatisch gebundener Kohlenstoff X (A)		8	% (m/m)
Naphtenisch gebundener Kohlenstoff X (N)	DIN 51 378	31	% (m/m)
Paraffinisch gebundener Kohlenstoff X (P)		61	% (m/m)

Tabelle 10: Zusammensetzung des verwendeten Dieselkraftstoffs

4 Untersuchung des Emissionseinflusses von Brennverfahrensparametern

Die einzelnen Brennverfahrensparameter wie Ladedruck, Abgasrückführung und Einspritzung haben einen erheblichen Einfluss auf das Emissionsverhalten eines Motors. An dem vorangehend beschriebenen LVK-Forschungsmotor wurden die Einflüsse der unterschiedlichen Brennverfahrensparameter auf das Emissionsverhalten des Motors untersucht. Die Ergebnisse sind nachfolgend zusammengestellt.

4.1 Verbrennungsluftverhältnis

Dieselmotoren werden, abgesehen vom HCCI-Verfahren, üblicherweise mit Luftüberschuss betrieben, um ausreichend Sauerstoff für die Oxidation des Kraftstoffs im Rahmen der heterogen ablaufenden Verbrennung bereit zu stellen.

4.1.1 Versuchsergebnisse

Für den im Allgemeinen bei Luftüberschuß betriebenen Dieselmotor stellt die Aufladung zur Variation des Verbrennungsluftverhältnisses eine entscheidende Brennverfahrensgröße dar. Im Rahmen einer Variationsreihe wurde der Einfluss des Ladedrucks auf die Emission bei konstantem Verbrennungsschwerpunkt und konstanter AGR-Rate untersucht. Abbildung 50 zeigt die dabei ermittelten Ergebnisse für die Ruß- und Stickoxidemission. Bei der Ergebnisdarstellung ist zu beachten, dass die Emission in der Einheit g/kWh angegeben ist und der Mitteldruck während dieses Versuchs konstant gehalten wurde. Es sind aus der Literatur ebenfalls Darstellungen in der Einheit ppm bekannt. Hierbei ergibt sich für die NO_x-Kurve ein anderer Verlauf, da die absolute Stickoxidemission hierbei auf die sich während der Variation ändernde Abgasmenge bezogen wird.

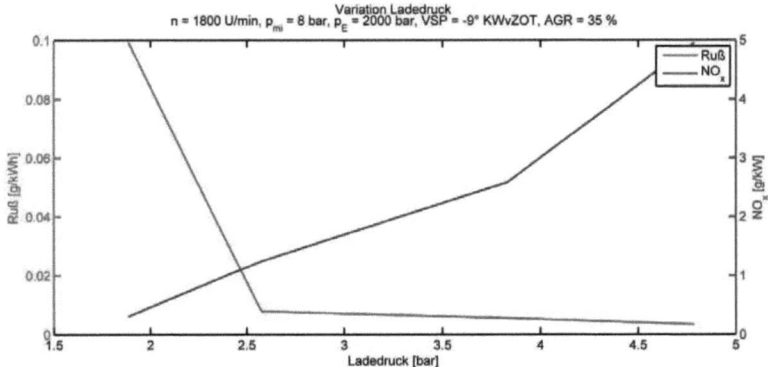

Abbildung 50: Ruß- und NO_x-Emission bei Variation von Lambda durch Variation des Ladedrucks

Durch eine Steigerung des Ladedrucks kann die Emission von Ruß kontinuierlich gesenkt werden. Von niedrigen Ladedrücken und fettem Motorbetrieb ausgehend stellt eine Ladedruckanhebung anfangs ein sehr wirksames Mittel zur Rußsenkung dar. Wird ein entsprechender, vom Betriebspunkt abhängiger Grundladedruck (in vorliegendem Fall ca. 2,6 bar) erreicht, sinkt jedoch der rußsenkende Einfluss des Ladedrucks erheblich. Die Stickoxidemission steigt jedoch mit Ladedruck und Verbrennungsluftverhältnis an. Dieser Anstieg ist, wie Abbildung 51 zeigt, maßgeblich auf den Anstieg des Zylinderdrucks zurückzuführen.

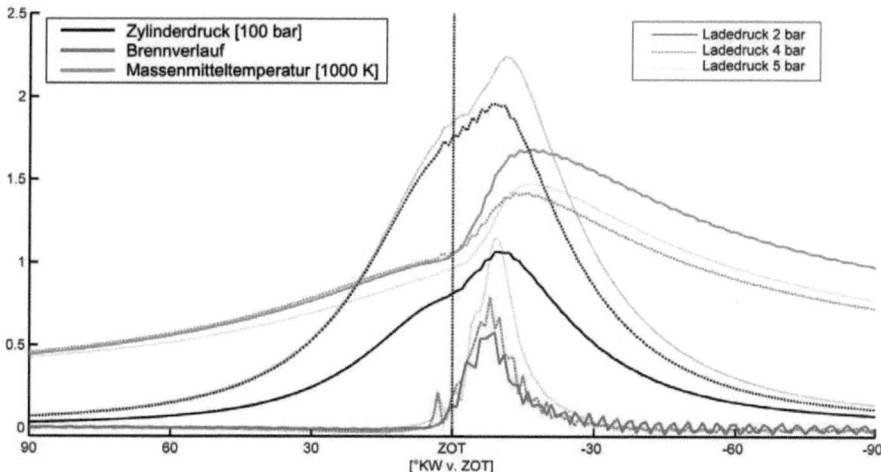

Abbildung 51: Druck-, Temperatur und Brennverlauf bei Variation Ladedruck

Die mit dem Ladedruck stark ansteigende Belastung der Motorbauteile ist nicht außer Acht zu lassen. In vorliegendem Fall steigt mit der Anhebung des Ladedrucks der Zylinderspitzendruck von 100 bar auf 250 bar an (vgl. Abbildung 51).

Darüber hinaus werden bei der Applikation eines Brennverfahrens mit sehr hohen Aufladegraden an einem Serienmotor hochaufwändige, zum Teil mehrstufige Aufladungskonfigurationen mit entsprechend hohem Kühlbedarf erforderlich.

Dementsprechend sollte nicht nur im Hinblick auf eine emissionsarme Applikation sondern auch im Hinblick auf die Dimensionierung des Aggregats der Ladedruck so hoch gewählt werden, dass ein ausreichender Grund-Luftüberschuss zur Oxidation des Kraftstoffs vorhanden ist. Brennverfahrensparameter wie Abgasrückführung und Einspritzung sollten der weiteren Reduzierung von Emission auf das gewünschte Niveau dienen.

4.1.2 FORMELMÄßIGE ZUSAMMENHÄNGE

Das Verbrennungsluftverhältnis Lambda (λ) beschreibt das stöchiometrische Verhältnis der Reaktionspartner Sauerstoff und Kraftstoff als den Quotienten aus vorhandenem Sauerstoff der

Ladung bezogen auf den für eine stöchiometrische Verbrennung des Kraftstoffs erforderlichen Sauerstoffbedarf.

$$\lambda = \frac{m_{Luft}}{L_{min} * m_b} \quad (4.1)$$

Dieser Zusammenhang gilt für Motoren, die ohne Abgasrückführung mit reiner Frischluft betrieben werden. Die dieser Arbeit zu Grunde liegenden Forschungsarbeiten wurden an einem Motor mit AGR-Strecke durchgeführt. Für derartige Motoren muss obiger Formelzusammenhang für λ erweitert werden. Eine entsprechende Herleitung folgt. Zur Veranschaulichung der für die folgende Herleitung relevanten Massenströme stellt Abbildung 52 einen Motor mit AGR-Strecke schematisch dar. Die Bezeichnungen in den folgenden Formeln sind analog gewählt.

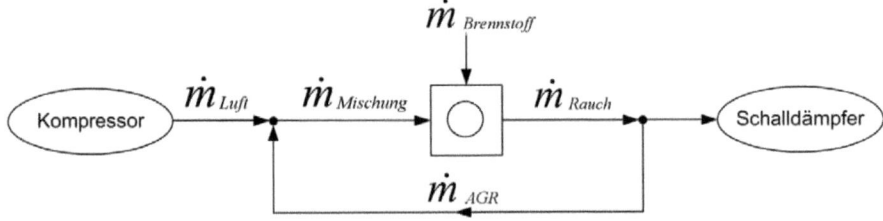

Abbildung 52: Schema Motor und AGR-Strecke mit Massenströmen

Definitionsgemäß stellt die AGR-Rate X_{AGR} den Anteil an rückgeführtem Abgas an der angesaugten Mischung (Ladung) dar.

$$X_{AGR} = \frac{\dot{m}_{AGR}}{\dot{m}_{AGR} + \dot{m}_{Luft}} \quad (4.2)$$

Nach Umformung kann der AGR-Massenstrom in Abhängigkeit des Luftmassenstroms ausgedrückt werden.

$$\dot{m}_{AGR} = \dot{m}_{Luft} * \frac{X_{AGR}}{1 - X_{AGR}} \quad (4.3)$$

Dementsprechend kann der Massenstrom an gemischtem Gas (Frischluft und AGR) abhängig von der AGR-Rate ausgedrückt werden.

$$\dot{m}_{Mischung} = \dot{m}_{Luft} * \frac{1}{1 - X_{AGR}} \quad (4.4)$$

Der Sauerstoffmassenstrom nach der Mischung von Frischluft und rückgeführtem Abgas kann folgendermaßen beschrieben werden.

$$\dot{m}_{O2,Mischung} = X_{O2,Luft} * \dot{m}_{Luft} + X_{O2,Rauch} * \dot{m}_{AGR} \quad (4.5)$$

Über die Abnahme des Sauerstoffs während der Verbrennung wird der Sauerstoffanteil im Rauchgas durch Bezug auf den Rauchgasmassenstrom ermittelt.

$$X_{O2,Rauch} = \frac{\dot{m}_{O2,Mischung} - X_{O2,Luft} * L_{min} * \dot{m}_B}{\dot{m}_{Mischung} + \dot{m}_B} \tag{4.6}$$

Nach dem Einsetzen der obigen Formelzusammenhänge für $\dot{m}_{O2,Mischung}$ und $\dot{m}_{Mischung}$ lässt sich der Sauerstoffgehalt am Rauchgas in folgender Form darstellen.

$$X_{O2,Rauch} = X_{O2,Luft} * \frac{\dot{m}_{Luft} - L_{min} * \dot{m}_B}{\dot{m}_{Luft} + \dot{m}_B} \tag{4.7}$$

Anschließend kann gemäß der Mischung von Frischluft und Rauchgas im AGR-Mischungsverhältnis der Sauerstoffgehalt an der Mischung bestimmt werden.

$$X_{O2,Mischung} = \frac{X_{O2,Luft} * \dot{m}_{Luft} + X_{O2,Rauch} * \dot{m}_{AGR}}{\dot{m}_{Luft} + \dot{m}_{AGR}} \tag{4.8}$$

Einsetzen und Umformen ergibt:

$$X_{O2,Mischung} = X_{O2,Luft} * (1 - X_{AGR}) + X_{O2,Rauch} * X_{AGR} \tag{4.9}$$

Zusammen mit der Formel für den Sauerstoffgehalt am Rauchgas $X_{O2,Rauch}$ ergibt sich für den Sauerstoffgehalt an der Mischung folgender Zusammenhang.

$$X_{O2,Mischung} = X_{O2,Luft} * \left(1 - X_{AGR} * \frac{L_{min} * \dot{m}_B + \dot{m}_B}{\dot{m}_{Luft} + \dot{m}_B}\right) \tag{4.10}$$

Für Motoren mit AGR ist das Verbrennungsluftverhältnis λ als Quotient aus dem der Verbrennung zugeführten Sauerstoff zu der für stöchiometrische Verbrennung des Kraftstoffs erforderlichen Sauerstoffmenge definiert.

$$\lambda = \frac{\dot{m}_{O2,Mischung}}{X_{O2,Luft} * L_{min} * \dot{m}_B} = \frac{X_{O2,Mischung} * (\dot{m}_{Luft} + \dot{m}_{AGR})}{X_{O2,Luft} * L_{min} * \dot{m}_B} \tag{4.11}$$

Nach erneutem Einsetzen und Umformen kann λ in Abhängigkeit von $\dot{m}_{Luft}$, $\dot{m}_B$ und X_{AGR} ausgedrückt werden als.

$$\lambda = \frac{\dot{m}_{Luft}}{L_{min} * \dot{m}_B} * \frac{1 - X_{AGR} * \frac{L_{min} * \dot{m}_B + \dot{m}_B}{\dot{m}_{Luft} + \dot{m}_B}}{(1 - X_{AGR})} \tag{4.12}$$

Im Fall keiner Abgasrückführung ($X_{AGR} = 0$) wird der zweite Erweiterungsbruch zu „1" und die Formel gleicht der bekannten Lambda-Berechnungsgleichung (vgl. Formel 4.1).

Eine Umformung der Gleichung erlaubt die Bestimmung der AGR-Rate in Abhängigkeit von Lambda, Kraftstoffmassenstrom und Luftmassenstrom.

$$X_{AGR} = \frac{\frac{\lambda * L_{min} * \dot{m}_B}{\dot{m}_L} - 1}{\frac{\lambda * L_{min} * \dot{m}_B}{\dot{m}_L} - \frac{L_{min} * \dot{m}_B + \dot{m}_B}{\dot{m}_L + \dot{m}_B}} \qquad (4.13)$$

Bei den Versuchen wurde die AGR-Rate mittels einer CO_2-Differenzmessung zwischen Ansaugluft und Abgas durch die verwendete Abgasanalyse bestimmt.

4.2 Abgasrückführung

Zur Senkung der Stickoxidemission stellt die Rückführung von gekühltem Abgas ein hochwirksames Mittel dar. Dabei wird gewöhnlich ein Teilstrom Abgas abgezweigt, gekühlt und anschließend gezielt der Frischluft beigemengt. Hierbei steigt der Anteil an Inertgas sowie an dreiatomigen Gasen an der vom Zylinder angesaugten Ladung, wodurch die Verbrennung langsamer abläuft und die Spitzentemperaturen im Zylinder sinken. Entsprechend verschiebt sich das Reaktionsgleichgewicht der maßgeblich von Temperatur und Druck getriebenen Reaktion zwischen Sauerstoff und Stickstoff in Richtung von weniger Oxidationsprodukten und folglich geringerer Stickoxidemission.

Eine entsprechende Versuchsreihe zur Untersuchung des beschriebenen Effekts wurde bei konstantem Ladedruck sowie konstantem Verbrennungsschwerpunkt durchgeführt. Eine Drosselklappe in der AGR-Strecke diente hierbei der Einstellung der AGR-Rate. Da mit steigender AGR-Rate der durch die Abgasdrossel strömende Abgasvolumenstrom sinkt, ist eine stetige Nachstellung dieser, den Turbinenwiderstand simulierenden Abgasdrossel erforderlich. So kann über die gesamte Variation hinweg ein realistischer Turboladerwirkungsgrad simuliert werden, was erforderlich ist, um an einem fremdaufgeladenen Einzylindermotor gewonnenen Versuchsergebnisse später auf einen in der Serie mit Turboaufladung versehenen Motor zu übertragen.

Abbildung 53 zeigt den Verlauf von Ruß- und Stickoxidemission während der beschriebenen Variation der Abgasrückführrate. Da die beschriebene Drossel in der AGR-Strecke nicht dicht schließt, kann, maßgeblich abhängig von Abgasvolumenstrom und -temperatur, eine minimale AGR-Rate nicht unterschritten werden. Die minimale AGR-Rate in vorliegendem Fall lag bei 2%.

Ausgehend von der minimalen AGR-Rate wurde die AGR-Rate von Versuchspunkt zu Versuchspunkt stetig gesteigert. Dabei sinkt der Gehalt an Sauerstoff in Luft und komprimierter Ladung zu Gunsten des Anteils an dreiatomigen Gasen wie CO_2 und H_2O, was sich in einer stetigen Senkung der Stickoxidemission zeigt.

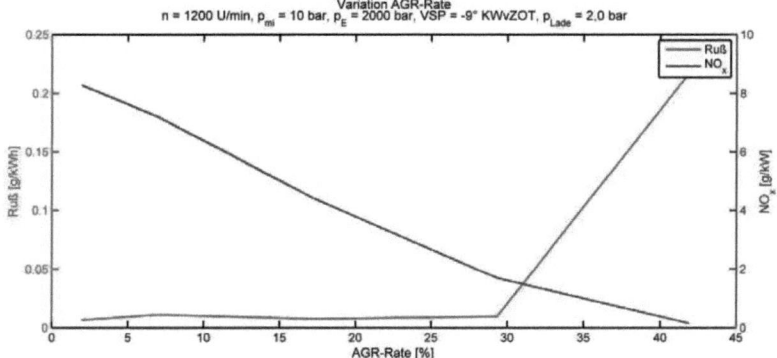

Abbildung 53: Ruß- und NOx-Emission bei Variation AGR-Rate

Die Rußemission steigt mit der AGR-Rate bis zu einem charakteristischen Punkt nur in moderatem Rahmen an. An diesem charakteristischen Punkt verschlechtern sich die Oxidationsbedingungen für den Kraftstoff deutlich und es kommt in Richtung höherer AGR-Raten zu einem signifikanten Anstieg der Rußemission. Es bleibt zu betonen, dass dieser charakteristische Punkt, über den die AGR-Rate nicht angehoben werden sollte, stark von Betriebspunkt, Brennverfahren, Ladedruck und Einspritzdruck abhängt. So kann beispielsweise bei extremen Einspritzdrücken die AGR-Rate weiter angehoben werden, bevor es zu dem beschriebenen, vehementen Anstieg der Rußemission kommt. In diesem Fall spielt eine gesteigerte AGR-Verträglichkeit des Brennverfahrens bei extremen Einspritzdrücken eine entscheidende Rolle.

5 Untersuchung des Einflusses von Einspritzparametern auf die Emission

Beim klassischen Diesel-Brennverfahren initiiert die Kraftstoffeinspritzung in die im Motor verdichtete Ladung den Verbrennungsvorgang im Zylinder. Dabei ist der u.a. von Zylinderdruck, Gaszusammensetzung und Temperatur abhängige Zündverzug die Zeit, die zwischen dem Beginn der Einspritzung und dem ersten, messbaren Zylinderdruckanstieg infolge Verbrennung verstreicht. Neben dem Zustand der Ladung, in die der Kraftstoff eingespritzt wird, beeinflusst ebenfalls die Einspritzung den Zündverzug sowie den späteren Verlauf der Verbrennung und schlussendlich der Emissionsentstehung maßgeblich. Als Haupt-Einflussfaktoren der Einspritzung sind zu nennen:

- Einspritzdruck
- Einspritzgesetz bzw. -strategie
- Einspritzzeitpunkt
- Düsengeometrie
- Spritzlochanzahl
- Spritzlochgeometrie

Hierzu wurden im Rahmen dieser Arbeit umfangreiche Untersuchungen durchgeführt, auf die im Folgenden näher eingegangen wird. Es ist zu beachten, dass die Einzeleinflüsse der genannten Einflussfaktoren nicht getrennt voneinander betrachtet werden können, da ausgeprägte, komplexe Quereinflüsse bestehen.

Ausgenommen hiervon ist der verhältnismäßig losgelöste Einfluss des Einspritzzeitpunkts auf die Verbrennung und Emissionsbildung, der nachfolgend beschrieben wird.

5.1 Einspritzzeitpunkt und Verbrennungsschwerpunkt

Über die Wahl des Zeitpunkts für den Einspritzbeginnwinkel wird bei einer klassischen Einspritzstrategie (Vor- und Haupteinpritzung) unmittelbar der Schwerpunkt der Verbrennung beeinflusst. Üblicherweise liegen Verbrennungsschwerpunkte, je nach Applikation, zwischen 5 °KW und 15 °KW, in Ausnahmefällen sogar 20 °KW, nach ZOT.

Dabei wirkt sich der Einspritzbeginn bzw. der daraus resultierende Verbrennungsschwerpunkt erheblich auf Partikel- und Stickoxidemission aus. Abbildung 54 zeigt das beschriebene Emissionsverhalten exemplarisch für einen Betriebspunkt auf. Während in Richtung später Verbrennungsschwerpunkte die Partikelemission ansteigt, wird die Stickoxidemission gesenkt. Sehr schön ist das bekannte Trade Off Verhalten der beiden Emissionskomponenten zu erkennen.

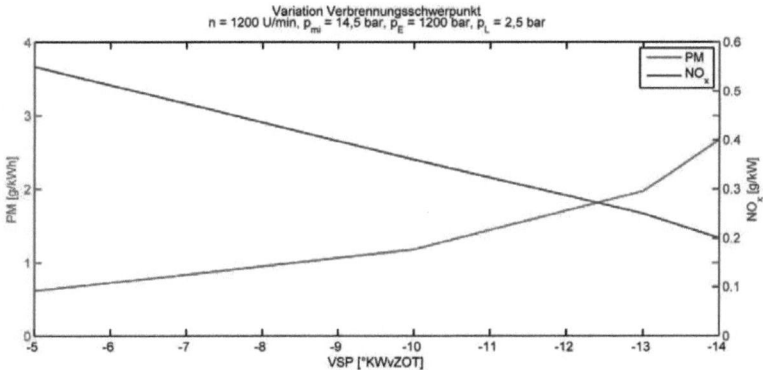

Abbildung 54: PM- und NO$_x$-Emission bei Variation Verbrennungsschwerpunkt

Das Emissionsverhalten lässt sich anhand der zu den Versuchen gehörenden Indizierdaten erklären: Bei einer frühen Einspritzung des Kraftstoffs beginnt die Verbrennung entsprechend früh und läuft „härter" ab als bei später Einspritzung des Krafstoffs. Da vor Erreichen des oberen Totpunkts die innere Energie des Brennraums neben der Kraftstoffverbrennung auch durch die Kolbenaufwärtsbewegung erhöht wird, treten neben höheren Temperaturen auch stärkere Druckgradienten in Verbindung mit einem größeren Spitzendruck auf. (Abbildung 55) Diese Bedingungen fördern die Oxidationsvorgänge im Brennraum, was zu niedrigeren Partikel- und erhöhten Stickoxidemissionen bei frühen Verbrennungsschwerpunkten führt.

Das Brennverfahren erreicht seinen thermodynamisch besten Wirkungsgrad bei Verbrennungsschwerpunkten von ca. 8 - 10 °KW nach OT. Bei späterer Verbrennung kann nur noch ein geringer Teil der Verbrennungswärme in kinetische Energie umgesetzt werden, was sich auch durch höhere Abgastemperaturen äußert. Bei extrem später Einspritzung kann es ebenfalls zu einem Aufspritzen von Kraftstoff auf die Laufbuchse und so zu einem „Abwaschen" des Öl-Schmierfilmskommen.

Auch sehr frühe Verbrennungsschwerpunkte wirken sich negativ auf den Wirkungsgrad aus, da der Druckanstieg infolge Verbrennung zu immer größeren Teilen in der Kompressionsphase erfolgt, wobei die Kolbenaufwärtsbewegung mehr Energie kostet, Wandwärmeverluste zunehmen und der Wirkungsgrad des Brennverfahrens folglich sinkt.

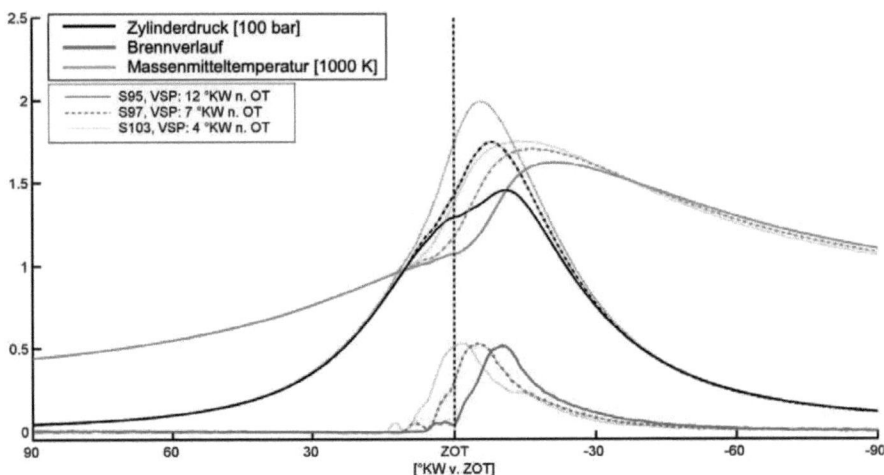

Abbildung 55: Druck-, Temperatur und Brennververlauf bei Variation Verbrennungsschwerpunkt

Während Abbildung 55 Verläufe von Druck, Brennverlauf und Massenmitteltemperatur bei einer Variation des Verbrennungsschwerpunkts zeigt, stellt Tabelle 11 Auswirkungen unterschiedlicher Verbrennungsschwerpunkte dar.

	Verschiebung des Verbrennungsschwerpunkts in Richtung früh	Verschiebung des Verbrennungsschwerpunkts in Richtung spät
PM-Emission	sinkt	steigt
NOx-Emission	steigt	sinkt
Bauteilbelastung	steigt	sinkt
Akustische Emission	steigt	steigt
Abgastemperatur	sinkt	Steigt

Tabelle 11: Auswirkung Verbrennungsschwerpunkt

In der Praxis wird von wirkungsgradoptimalen Verbrennungsschwerpunkten bisweilen in Richtung späterer Schwerpunkte abgewichen, um Bauteilbelastungen zu senken und auch bei moderaten AGR-Raten Stickoxidgrenzwerte einzuhalten oder um ausreichend hohe Abgastemperatur für die Regeneration eines nachgeschalteten Abgasreinigungssystems zu erreichen.

5.2 Einspritzgesetz

Die mittlerweile weit verbreitete Common-Rail-Einspritztechnik erlaubt eine weitgehend flexible Gestaltung der Einspritzung. So kann im Gegensatz zu früheren Reiheneinspritz-Systemen die je Arbeitsspiel in den Zylinder eingespritzte Kraftstoffmasse flexibel auf zahlreiche Teileinspritzungen verteilt werden.

Die an einem Motor applizierte Einspritzstrategie, die sich als die Kombination von Vor-, Haupt- und Nacheinspritzungen definiert, beeinflusst das Brennverfahren und die Emissionsentstehung maßgeblich.

5.2.1 VOREINSPRITZUNG

Je nach Brennverfahren können eine oder mehrere Voreinspritzungen erfolgen. Üblicherweise wird durch eine kurz vor der Haupteinspritzung positionierte Voreinspritzung eine geringe Menge Kraftstoff (ca. 5% der gesamten Einspritzmenge) in den Zylinder injiziert. Diese führt zu einer kleinen Vorverbrennung, die Temperatur und Turbulenz der Ladung bis zum Beginn der Haupteinspritzung erhöht und folglich den Zündverzug für den im Rahmen der Haupteinspritzung eingebrachten Kraftstoff senkt. Die Voreinspritzung wirkt sich in Form eines geringeren Anteils an homogen verbrennendem Kraftstoff aus.Es kommt zu einer weicheren, maßgeblich von Diffusion kontrollierten Verbrennung mit niedrigeren Druckanstiegsgradienten und folglich geringerer Motorbelastung sowie Geräuschemission.

Durch mehrere, getaktete Voreinspritzungen kann Kraftstoff, mit dem Ziel einer Homogenisierung, beispielsweise zur Partikelminderung eingebracht werden (HCCI-Verfahren, [ZHA2007]). Erfolgen diese Voreinspritzungen deutlich vor ZOT bei geringem Druck und geringer Temperatur der Ladung, verbleibt ausreichend Zeit für eine Homogenisierung des eingespritzten Kraftstoffs in der Ladung bis zur Selbstzündung (Raumzündung). Der Beginn der Selbstzündung kann unter großem Regelungsaufwand durch das Zusammenspiel von Ladedruck und Abgasrückführung eingestellt werden. Der Motor wird in diesem Fall homogen ($\lambda = 1$) betrieben. Dieses HCCI-Brennverfahren eignet sich lediglich für den unteren Teillastbetrieb und belastet das Motoraggregat zusätzlich mit hohen Druckanstiegsgeschwindigkeiten. Im Rahmen dieser Arbeit wurde dieses Verfahren nicht untersucht.

5.2.2 HAUPTEINSPRITZUNG

Mit dem Begriff „Haupteinspritzung" wird üblicherweise die längste Einspritzung, in der der größte Teil der Kraftstoffmenge injiziert wird, benannt. Über die Dauer der Haupteinspritzung wird die insgesamt injizierte Brennstoffmenge und somit das Motordrehmoment bzw. die Motorlast maßgeblich beeinflusst.

5.2.3 NACHEINSPRITZUNG

Mit einer oder mehreren Nacheinspritzungen in der Expansionsphase des Arbeitstakts können Temperatur und Turbulenz im Zylinder in späten Phasen der Verbrennung gesteigert werden, wobei der Rußabbrand im Zylinder unterstützt wird.

Die Verbrennungswärme des in der Nacheinspritzung eingebrachten Kraftstoffs kann aufgrund der bereits fortgeschrittenen Expansionsphase nur noch zu einem geringen Anteil in mechanische Arbeit an der Kurbelwelle umgewandelt werden, was sich nachteilig auf den Wirkungsgrad des Brennverfahrens sowie die CO_2-Emission auswirkt.

Für nachgeschaltete Abgas-Reinigungssysteme kann die einhergehende, höhere Abgastemperatur jedoch gewünscht sein oder beispielsweise gezielt, temporär zur Regenerartion eines Partikelfilters eingesetzt werden.

Da in dieser Arbeit der Fokus auf einem effizienten, innermotorischen Niedrigst-Emissions-Brennverfahren, das ohne Abgasnachbehandlung auskommt, liegt, wurde darauf Wert gelegt, ohne Nacheinspritzung die geforderten Emissionsgrenzwerte einzuhalten.

5.2.4 VERWENDETE EINSPRITZSTRATEGIE

Für das angestrebte Brennverfahren stellte sich eine klassische Einspritzstrategie als Kombination aus einer Voreinspritzung und einer Haupteinspritzung als optimal heraus. Im gesamten Kennfeldbereich wurde mit einer 0,5 ms langen und 5 °KW vor der Haupteinspritzung positionierten Voreinspritzung sehr gute Werte erzielt. Zur besseren Vergleichbarkeit der Ergebnisse kam diese Einspritzstrategie bei allen in dieser Arbeit aufgeführten Versuchen zur Anwendung.

5.3 Untersuchungen zu Einspritzdruck und Spritzloch-Geometrie

Bei dem dieser Arbeit zu Grunde liegenden Forschungsprojekt war das Potenzial von extremen Einspritzdrücken zur Senkung von Partikel-Emission ein Kernthema, wofür umfangreiche Untersuchungen durchgeführt wurden.

5.3.1 Untersuchung des Emissionsverhaltens einer Serien-Einspritzdüse bei extremen Einspritzdrücken

Zur Untersuchung der Eignung einer Serien-Einspritzdüse für extreme Einspritzdrücke wurde an einem zentral im Kennfeld liegenden und im Nutzfahrzeug-Betrieb häufig vorkommenden Betriebspunkte (n = 1200 U/min, p_{mi} = 14,5 bar) der Einspritzdruck kontinuierlich gesteigert, wobei die AGR-Rate so nachgeregelt wurde, dass konstante Stickoxidemission gemäß des geplanten EURO VI-Grenzwerts von NO_x = 0,4 g/kWh erreicht wurde. (Versuchsdaten vgl. Tabelle 12)

Drehzahl	1200 U/min
Indizierter Mitteldruck	14,5 bar
Last	50%
Ladedruck	4,0 bar
Einspritzdruck	3000 bar
NO_x-Emission (konstant durch AGR- und VSP-Anpassung)	$konst. = 0,4\ g/kWh$

Tabelle 12: Motor-Betriebspunkt bei Untersuchungen mit Serien-Spritzloch-Geometrie

Für den Fall, dass auch bei maximaler AGR-Rate die gewünschte Stickoxidemission nicht erreicht werden konnte, musste von einem wirkungsgrad-optimalen Verbrennungsschwerpunkt in Richtung späterer Verbrennung abgewichen werden. Im Gegensatz zu einem Versuch, bei dem die i.A. mit dem Einspritzdruck ansteigende Stickoxid-Emission nicht kompensiert wird, kann mit dem beschriebenen Vorgehen eine Art Stickoxid-neutraler Einfluss des Einspritzdrucks auf die Partikelemission herausgelöst dargestellt und bewertet werden.

Während des Versuchs war der Injektor mit einer Seriendüse (Düse 1, vgl. Tabelle 13) bestückt. Abbildung 56 zeigt eine Mikroskopaufnahme des Negativabdrucks eines Spritzlochs der Düse 1.

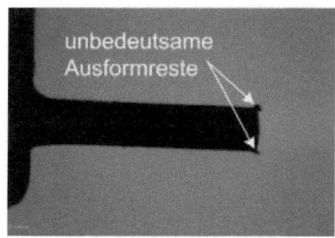

Abbildung 56: Negativabdruck eines Spritzlochs der Düse 1 (Seriendüse)

Es fallen die weiche obere Spritzlochverrundung ($R_{oE} = 100\ \mu m$) und das zylindrische Spritzloch ($K = 0$) auf.

Während der Untersuchungen lief die Verbrennung mit jeder Steigerung des Einspritzdrucks härter ab. (vgl. Brennverläufe in Abbildung 57)

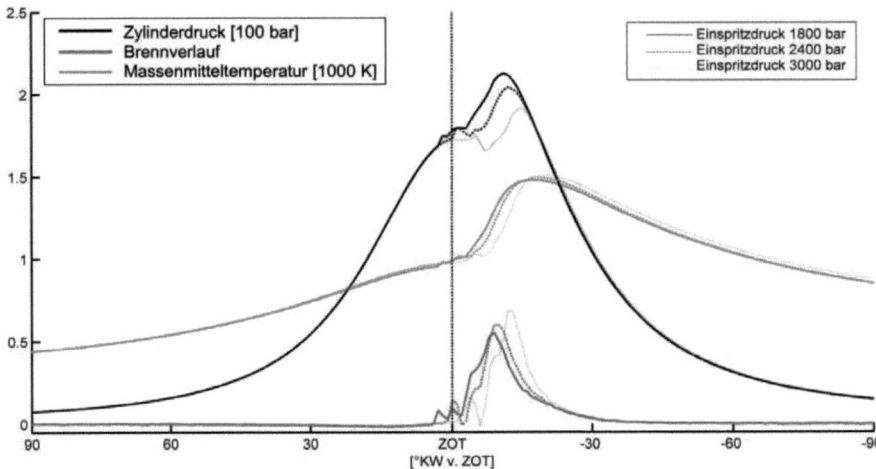

Abbildung 57: Druck-, Temperatur und Brennverlauf bei Variation Einspritzdruck, Düse 1

Bis 2400 bar Einspritzdruck konnte die NO_x-Emission allein durch Steigerung der AGR-Rate konstant gehalten werden. Dagegen musste bei 3000 bar Einspritzdruck zur NO_x-Einhaltung ein späterer Verbrennungsschwerpunkt gewählt werden, was an Druck-, Brenn- und Temperaturverlauf bei 3000 bar Einspritzdruck in Abbildung 57 zu erkennen ist. Die Emissionsergebnisse der Untersuchung zeigt Abbildung 58.

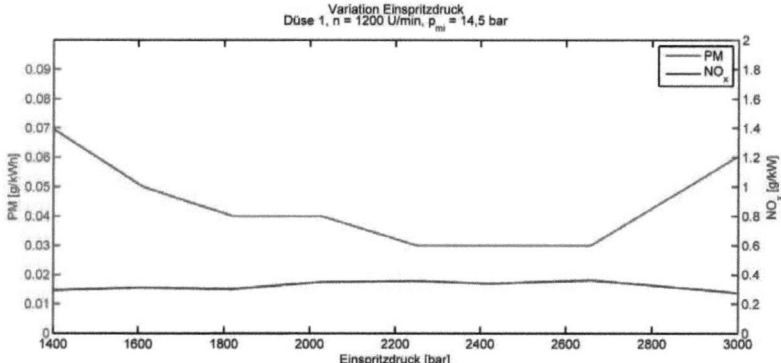

Abbildung 58: PM- und NO$_x$-Emission bei Variation Einspritzdruck, Düse 1, 1200 U/min, p$_{mi}$ = 14,5 bar, p$_L$ = 4,0 bar, NO$_x$ < EURO VI

Eine Steigerung des Einspritzdrucks von 1400 bar auf 2300 bar mindert in vorliegendem Fall den Partikelausstoss um über 50%. Es schließt sich von 2300 bar bis 2650 bar Einspritzdruck eine Art „flaches Tal" an, in dem der Partikelausstoss durch den Einspritzdruck kaum beeinflusst wird. Es ist davon auszugehen, dass in diesem Betriebsbereich ab ca. 2300 bar Einspritzdruck ein negativer Einfluss den eigentlich positiven, die Gemischbildung fördernden, emissionsmindernden Einfluss einer Steigerung des Einspritzdrucks kompensiert. Eine über 2650 bar bis zu 3000 bar hinausgehende Erhöhung des Einspritzdrucks führt zu einer drastischen Erhöhung der PM-Emission.

Auch Ishida et al. [ISH1986] beobachtete bei moderaten Anhebungen des Einspritzdrucks Emissionsverbesserungen, die bei extremen Einspritzdrücken ausbleiben.

Als Ursache für den Emissionsanstieg kommen in erster Linie die in Abbildung 57 ersichtliche Verschiebung des Verbrennungsschwerpunkts in Richtung spät, das Auftreten von Kavitation im Spritzloch oder eine Strahl-Wand-Interaktion in Frage. Basierend auf Erfahrungen aus anderen Untersuchungen wird der Verbrennungsschwerpunkt als mit-, jedoch nicht hauptverantwortlich an dem PM-Anstieg bewertet.

Spritzlochkavitation, die u.a. durch die Dynamik der Düsennadel initiiert wird, könnte den beobachteten Partikelanstieg mit verursachen. Während sich die Düsennadel beim Öffnen und Schließen der selbigen bewegt, verändern sich die Strömungsverhältnisse in der Düse kontinuierlich, womit sich keine stationäre Strömung einstellen kann. Bei langen Einspritzdauern dominiert die Haltephase der Düsennadel gegenüber Öffnungs- und Schließphase. Anders in vorliegendem Fall, in dem die Bestromungszeiten für die Haupteinspritzung aufgrund von großem Spritzlochdurchmesser der Seriendüse (198 µm) und hohem Einspritzdruck zur Aufrechterhaltung konstanten Mitteldrucks während der Untersuchungen hin zu 3000 bar Einspritzdruck erheblich abgesunken sind. (vgl. Abbildung 59)

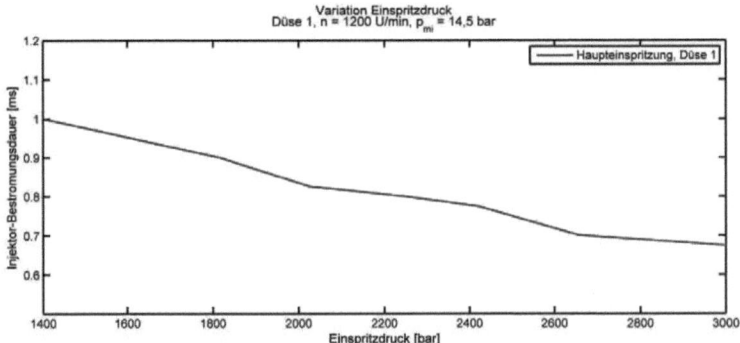

Abbildung 59: Injektorbestromung bei Variation Einspritzdruck, Düse 1, 1200 U/min, p_{mi} = 14,5 bar, NO_x < EURO VI

Zum Vergleich: Untersuchungen zur Ermittlung der injektorbedingt kürzest möglichen Einspritzdauer für die Einbringung einer minimalen Kraftstoffmenge als Voreinspritzung ergaben, dass erst ab einer Bestromungsdauer von t_{BE} = 0,25 ms Kraftstoff eingespritzt wird. In diesem Fall bewegt sich die Düsennadel rein ballistisch und öffnet nur minimal. Aufgrund von Drosselverlusten im Nadelsitz bewegt sich das Druckniveau am Einlauf in die Spritzlöcher auf niedrigem Niveau, weit unter dem Einspritzdruck, der im Rail vorliegt. Entsprechend befindet sich die Düsennadel der untersuchten Seriendüse bei 3000 bar Einspritzdruck und einer Bestromungsdauer von t_{Be} = 0,68 ms den Großteil des Einspritzvorgangs in einem instationären Zustand, in dem Kavitation durch Nadelbewegung initiiert werden kann und Drosselverlust im Nadelsitz hoch sind.

Es scheint jedoch auch zu einer unerwünschten Strahl-Wand-Interaktion mit der Kolbenmulde zu kommen. Nach dem beschrieben Versuch wurde der Zylinderkopf des Forschungsmotors demontiert, um Kolben und Laufbuchse auf entsprechende Spuren einer vorangegangenen Interaktion zwischen eingespritztem Kraftstoff und den Bauteilen zu untersuchen. Der freigelegte Kolben zeigt in Verlängerung der Spritzlöcher Auftreffstellen des Kraftstoffs in der Kolbenmulde in Gestalt von Glanzstellen. (vgl. Abbildung 60)

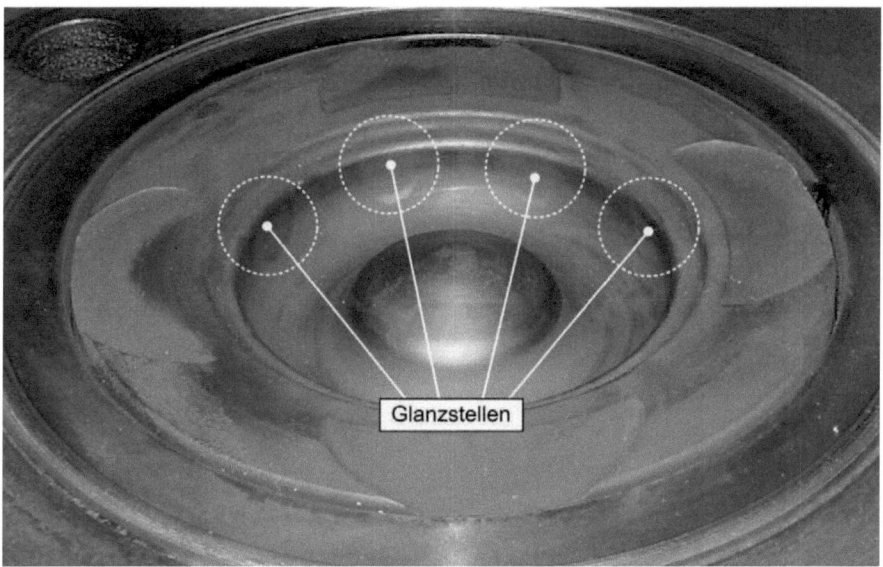

Abbildung 60: Glanzstellen in Kolbenmulde nach Untersuchungen mit Seriendüse (Düse 1) bei 3000 bar Einspritzdruck

Ein moderate Interaktion zwischen Resten des eingespritzten Kraftstoffs und der Kolbenmulde kann durchaus normal sein und würde zu keinem starken Emissionsanstieg führen. In diesem Fall würde die Kolbenmulde in Verlängerung der Spritzlöcher (OT-Position) jedoch dunkle Brennflecken aufweisen.

In vorliegendem Fall muss der Kraftstoffstrahl jedoch mit so großem Restimpuls auf die Mulde aufgetroffen sein, dass diese, ähnlich wie nach einer Hochdruck-Reinigung, an den Auftreffstellen regelrechte Glanzstellen zeigt.

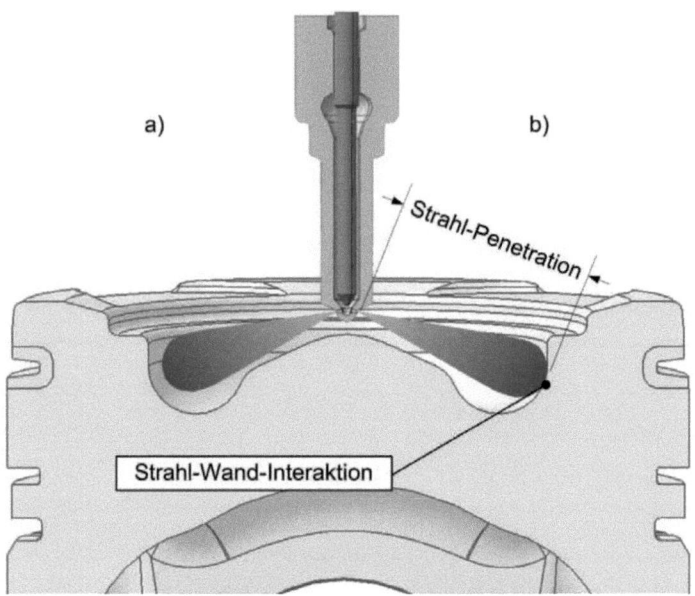

Abbildung 61: Skizze, Strahl-Wand-Interaktion, a) moderate Penetrationslänge, b) hohe Penetrationslänge

Die hohe Strahl-Penetration lässt sich übereinstimmend mit Untersuchungen von Pauer [Pau2001] durch einen hohen Strahlimpuls in Verbindung mit einem großen Durchmesser der aus dem Spritzloch austretenden Kraftstofftröpfchen erklären. In dem verhältnismäßig großen Spritzloch (Durchmesser $d_{SP} = 198\ \mu m$, vgl. Tabelle 13) ist das Schergefälle und damit auch die Kraftstoffaufbereitung nicht ausreichend hoch, so dass große Kraftstofftröpfchen aus der Düse austreten. Diese verdampfen und verbrennen vor deren Auftreffen auf die Kolbenmulde nur unvollständig. Gegenüber seriennahen Einspritzdrücken von ca. 1800 bar ist bei 3000 bar Einspritzdruck davon auszugehen, dass trotz des erläuterten Sitzdrosseleffekts der Kraftstoff mit erhöhtem Strahlimpuls die Düse verlässt. Zusammenfassend kann eine Steigerung des Einspritzdrucks mit einer derartigen Seriendüse nur bis ca. 2200 bar als sinnvoll angesehen werden, da bei höheren Einspritzdrücken die Verbrennung zu hart abläuft, was über AGR hinausgehende Maßnahmen erfordert, um die Emission von Stickoxiden auf einem konstant niedrigen Level (0,4 g/kWh) zu halten. Im Bereich von 2500 bis 3000 bar Einspritzdruck treten unerwünschte Strahl-Wand-Interaktionen auf.

Das Potenzial hoher Einspritzdrücke zur Partikelsenkung kann erst in Kombination mit angepassten Spritzloch-Geometrien vernünftig ausgeschöpft werden. Hierzu wurden unterschiedliche Düsengeometrien im Motor hinsichtlich Verbrennung und Emission untersucht und anschließend optimierte Düsen für 3000 bar entwickelt, gefertigt und im Motor untersucht. Auf dieses Vorgehen sowie generierte Ergebnisse wird im Folgenden eingegangen.

5.3.2 OPTIMIERUNG UND UNTERSUCHUNG VON SPRITZLOCHGEOMETRIEN FÜR EXTREME EINSPRITZDRÜCKE

Vorangegangene Untersuchungen zeigten, dass eine Serien-Einspritzdüse für extreme Einspritzdrücke nur unzureichend geeignet ist und neue, optimierte Spritzloch-Geometrien für sehr hohe Einspritzdrücke gefunden werden sollten.

Um hierfür den Einfluss unterschiedlicher Spritzloch-Geometrieparameter auf Verbrennung und Emissionsentstehung im Forschungsmotor zu untersuchen, wurden im Rahmen des von der Bayerischen Forschungsstiftung (BFS) geförderten Forschungsprojekts „Niedrigst-Emissions-Lkw-Dieselmotor" („NEMo") Einspritzdüsen mit unterschiedlichen Düsengeometrien gefertigt. Die Fertigung sowie entsprechende Beratungen übernahm die GFH GmbH Deggendorf.

5.3.2.1 Prototypen-Einspritzdüsen mit zu untersuchenden Spritzloch-Geometrievarianten

In enger Zusammenarbeit mit meinem Kollegen, Herrn Wloka, wurden u.a. gestützt auf CFD-Auslegungen Parametersätze für zu untersuchende Spritzloch-Geometrien entwickelt(vgl. Tabelle 13) [WLO2009], [WLO2010], [PFL2010b]. Ausgehend von einem verhältnismäßig großen Spritzloch-Durchmesser bei der bereits untersuchten Seriendüse 1 werden die Durchmesser der Spritzlöcher hin zur Düse 8 kleiner, um u.a. die Spritzzeiten, zu Gunsten einer ausgeprägteren Düsennadel-Haltephase, zu verlängern und darüber hinaus die Brennhärte zur Einhaltung angestrebter Stickoxid-Grenzwerte zu senken.

Düse	Lochanzahl n	Spritzloch-durchmesser d [µm]	Spritzloch-konizität K	Obere Spritzloch-verrundung R_{OE} [µm]	Normdurchfluss [ml/min mit V-Oil bei 100 bar, 40 °C]
1 (Serie)	8	198	0	100	2030
2	8	174	1.2	60	1630
3	8	175	1.9	60	1660
4	8	172	1.4	50	1575
5	10	150	1.5	40	1460
6	10	100	1.7	60	781
7	10	100	1.3	50	722
8	10	91	0.7	30	510

Tabelle 13: Untersuchte Spritzloch-Geometrievarianten

Für die Herstellung der unterschiedlichen Spritzlochgeometrien stellte die MAN Nutzfahrzeuge AG Nürnberg bereits gepaarte, seriennahe Einheiten aus Düsennadel und –körper ohne Spritzloch-Bohrungen zur Verfügung. In diese wurden die zu untersuchenden Spritzloch-Geometrien in jeweils zwei Fertigungsschritten eingebracht. Zuerst wurden die Düsenkörper dabei mittels EDM (electrical discharge machining) Verfahren gebohrt, um anschließend im HEG (hydro erosive grinding) Verfahren mit einer Fluid-Verrundung der Spritzlochbohrungen versehen zu werden. Nach der Fertigung erfolgte eine Vermessung der Spritzloch-Geometrien aller Prototypen-Düsen, wobei die in Tabelle 13 aufgeführten Geometrien ermittelt wurden.

Für die Untersuchung der Prototypen-Düsen im Forschungsmotor wurden die Düsen jeweils auf den gleichen Serieninjektor montiert. Bei Montagearbeiten am Injektor bzw. dem gesamten Einspritzsystem wurde auf äußerste Sauberkeit geachtet, um keine Verunreinigungen in das sensible, aus zahlreichen dünnen Spalten und Bohrungen bestehende System einzubringen. Bereits kleinste Partikel können zu einem Verklemmen der eng geführten Düsennadel oder zum Verstopfen eines Spritzlochs führen.

5.3.2.2 Untersuchung von Einspritzdüsen mit Spritzloch-Geometrien für extreme Drücke

Anschließend erfolgten zur Untersuchung der Einflüsse von unterschiedlichen Spritzloch-Geometrien auf Verbrennung und Emission gezielt Versuche am Einzylinder. So wurde zur Analyse des Düsen-Einflusses auf die Verbrennung mit den verschiedenen Düsen der jeweils gleiche Motor-Betriebspunkt (vgl. Tabelle 14) bei einem Einspritzdruck von 3000 bar eingestellt und dabei die sich einstellende Verbrennungshärte beurteilt.

Drehzahl	1200 U/min
Indizierter Mitteldruck	14,5 bar
Last	50%
Ladedruck	4,0 bar
Einspritzdruck	3000 bar
NO$_x$-Emission (konstant durch AGR- und VSP-Anpassung)	$konst. = 0,4\ g/kWh$

Tabelle 14: Motor-Betriebspunkt bei Untersuchungen zu Einfluss von Spritzlochgeometrie auf Verbrennungshärte, NO$_x$ = konst.

Als Vergleichsgröße für die Härte der Verbrennung dient die maximale, während der Verbrennung auftretende Wärmefreisetzungs-Rate, die äquivalent dem Maximum des Brennverlaufs ist.

$$Maximale\ Wärmefreisetzungsrate = \left(\frac{dQ_b}{d\varphi}\right)_{max} \quad (5.1)$$

Wird diese über den verschiedenen Düsen-Spezifikationen aufgetragen, zeigen sich eine klare Tendenzen, worauf im Folgenden näher eingegangen wird.

5.3.2.3 Einfluss von Düsen-Durchfluss auf den Ablauf der Verbrennung

Der Nenndurchfluss einer Einspritzdüse stellt eine wichtige, oft verwendete Spezifikationsgröße dar. Die Bestimmung erfolgt üblicherweise mittels Durchfluss-Vermessung der Düse während einer Durchströmung mit sogenanntem Shell V-Oil (vgl. Tabelle 15) bei 100 bar Druckdifferenz über die Düse und 40 °C. Alle Düsen wurden nach diesem Verfahren vermessen.

Shell V-Oil 1404	
Ölsorte	Mineralöl
Dichte bei 15 °C	826 kg/m³
Kinematische Viskosität	
bei 40 °C	2,55 mm²/s
bei 20 °C	3,8 mm²/s

Tabelle 15: Spezifikation von Shell V-Oil

Zur Erforschung des Zusammenhangs zwischen dem Nenndurchfluss einer Düse und der sich im Motor einstellenden Härte der Verbrennung wurde mit allen Prototypen-Düsen der oben beschriebene Versuch durchgeführt und im Anschluss die maximalen Wärmefreisetzungs-Raten über den zugehörigen Nenndurchflüssen der Einspritz-Düsen aufgetragen (vgl. Abbildung 62) Wenngleich die Messpunkte erheblichen Streuungen aufgrund von maßgeblich Quereinflüssen unterworfen sind, lässt sich anhand einer Ausgleichsgeraden, die gemäß kleinster Abweichungsquadrate durch die Messpunkte gelegt wird, eine Tendenz ableiten.

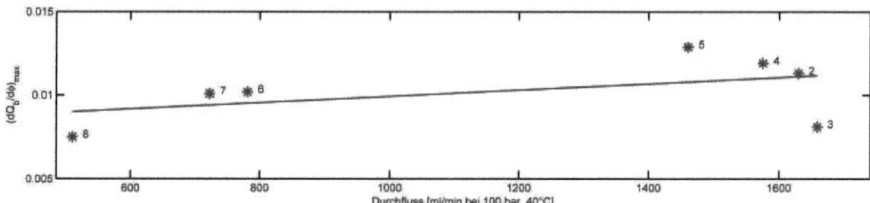

Abbildung 62: Maximale Wärmefreisetzung in Abhängigkeit von Düsendurchfluss, Ausgleichsgerade gemäß kleinster Fehlerquadrate (Einspritzdruck 3000 bar, Ladedruck 4 bar, NO$_x$ = 0.4 g/kWh)

Tendenziell wirkt sich ein höherer Nenndurchfluss der Einspritzdüse in einer härter ablaufenden Verbrennung aus. Die starke Abweichung der maximalen Wärmefreisetzung bei Düse 3 im Bezug auf die Ausgleichsgerade lässt sich folgendermaßen erklären:

Bei Düse 3 stellte sich an dem zu Grunde liegenden Versuchspunkt ein zumindest aus Sicht des Injektors ungünstiger Dynamik-Zustand im Injektor ein. Die Düsennadel scheint zu Beginn der Haupteinspritzung u.U. durch eine Schwingung der Nadel den Kraftstoff getaktet einzuspritzen, was an erheblichen Schwingungen im Brennverlauf zu Beginn der Verbrennung zu erkennen ist. (vgl. Abbildung 63)

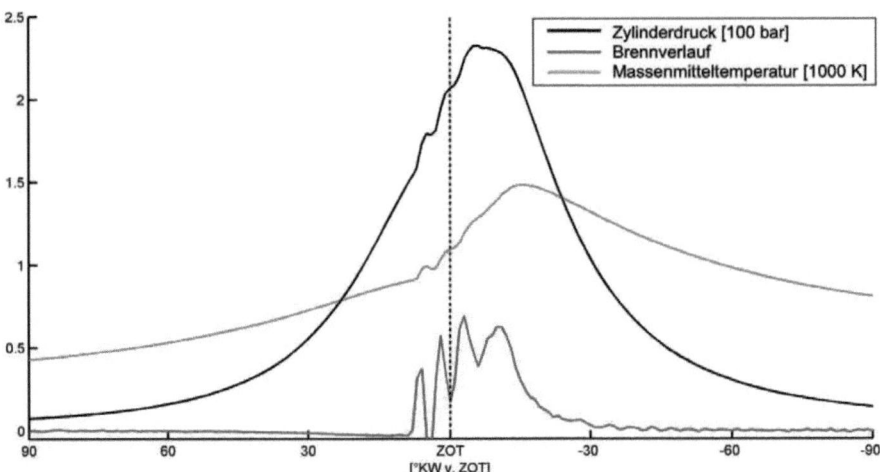

Abbildung 63: Druck-, Temperatur- und Brennverlauf, Schwingungen im Brennverlauf, Düse 3

Eine derart getaktete Einspritzung erklärt die trotz extremem Einspritzdruck niedrige Wärmefreisetzungsrate bei Düse 3.

Neben dem Durchfluss einer Düse wirken sich ebenfalls deren Spritzloch-Konizität und Spritzloch-Verrundung erheblich auf die Härte der Verbrennung aus. Im Folgenden werden diese Einflüsse genauer beleuchtet, womit sich im Anschluss die Streuungen um die Ausgleichsgerade in Abbildung 62 vollständig auf Quereinflüsse zurückführen lassen.

5.3.2.4 Einfluss von Spritzloch-Konizität auf den Ablauf der Verbrennung

Werden die Ergebnisse der obigen Untersuchung über der Spritzloch-Konizität aufgetragen und durch alle Messpunkte eine Ausgleichsgerade gemäß kleinster Fehlerquadrate gelegt, ist trotz Streuung der Messpunkte eine Tendenz zu erkennen. (vgl. Abbildung 64)

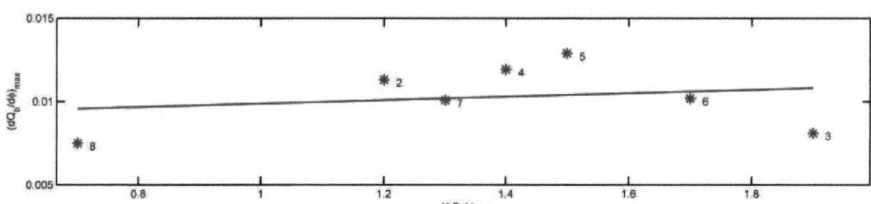

Abbildung 64: Maximale Brennhärte in Abhängigkeit von Spritzloch-Konizität, Ausgleichsgerade gemäß kleinster Fehlerquadrate (Einspritzdruck 3000 bar, Ladedruck 4 bar, $NO_x = 0.4$ g/kWh)

Eine höhere Konizität der Spritzlöcher führt tendenziell zu einer härter ablaufenden Verbrennung. Diese Tendenz ist hier nur schwach ausgeprägt und erscheint gegenüber der Streubreite der Messpunkte eher untergeordnet. Die Streubreite kann durch das Auftreten von Nadelschwingungen bei den Versuchen mit den Düsen 3, 6 und 8 begründet werden. Die drei Punkte liegen alle unter der Ausgleichsgeraden, da es in diesem Fall zu einer getakteten Einspritzung mit weicherer Verbrennung kam.

Am Beispiel der Düsen 2 und 4 ist der Einfluss der Spritzloch-Konizität auf den Verlauf der Verbrennung gut zu sehen. (vgl. Abbildung 65)

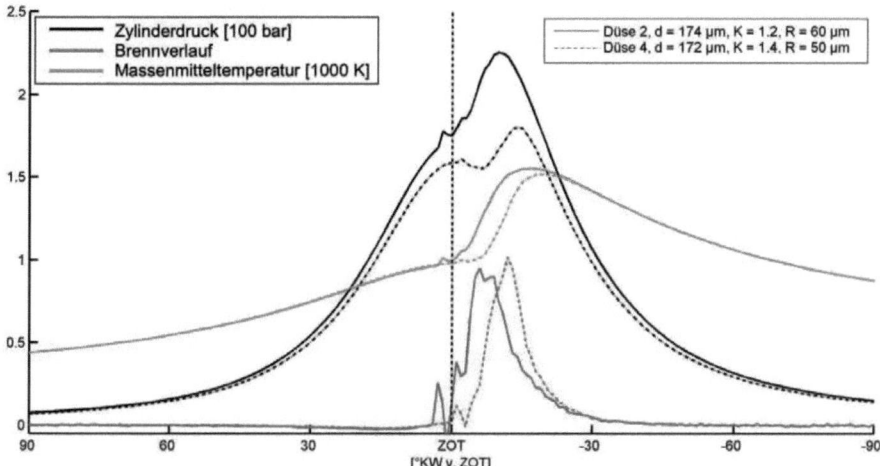

Abbildung 65: Druck-, Brenn- und Temperaturverlauf bei Düse 2 und 4 (Einspritzdruck 3000 bar, Ladedruck 4 bar, $NO_x = 0.4$ g/kWh)

Trotz einer etwas geringeren Verrundung bei Düse 4 wirkt sich deren höhere Konizität gegenüber Düse 2 in Form einer härteren Verbrennung aus. Zur Einhaltung konstanter Stickoxid-Emission musste bei der zu härterer Verbrennung führenden Düse 4 der Einspritzzeitpunkt in Richtung spät verschoben werden. Ohne diese Anpassung würden die Unterschiede im Ablauf der Verbrennung in Abbildung 65 noch deutlicher ausfallen.

Ein weiterer Versuch, bei dem die Düsen bei konstantem Ladedruck und geringer, konstanter AGR-Rate ohne Regelung der NO_x-Emission untersucht wurden, zeigt den Zusammenhang zwischen Spritzloch-Konizität und Brennhärte ebenfalls sehr klar. (vgl. Abbildung 66) Die Motorbetriebs-Parameter während dieser Versuchsreihe sind in Tabelle 16 aufgelistet.

Drehzahl	1200 U/min
Indizierter Mitteldruck	14,5 bar
Last	50%
Ladedruck	1,7 bar
Einspritzdruck	3000 bar
AGR-Rate	$minimal, konstant$

Tabelle 16: Motor-Betriebspunkt bei Untersuchungen zu Einflüssen von Spritzlochgeometrie, AGR = konst.

Es werden zur besseren Vergleichbarkeit nur die Düsen dargestellt, bei denen das beschriebene Schwingen der Düsennadel zu beobachten war.

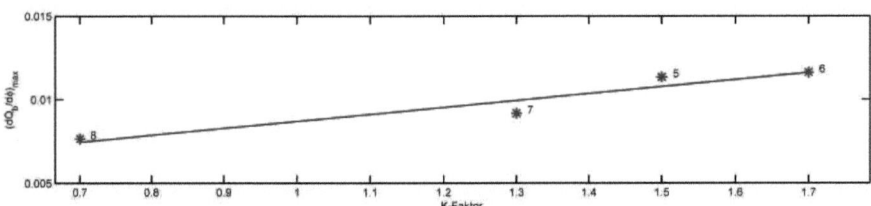

Abbildung 66: Maximale Wärmefreisetzung in Abhängigkeit von Spritzloch-Konizität, Ausgleichsgerade gemäß kleinster Fehlerquadrate (Einspritzdruck 3000 bar, Ladedruck 1.7 bar, AGR minimal)

Es zeigt sich klar, wie eine höhere Spritzloch-Konizität u.a. durch einen höheren Impuls des Einspritzstrahls und folglich einer höheren Weber-Zahl [BLES2004] zu einer verbesserten Gemischbildung und einer härteren Verbrennung beiträgt. Hierbei sollte beachtet werden, dass mit steigendem K-Faktor auch die Penetrationslänge des Einspritzstrahls ansteigt. Dieser Effekt kann bei entsprechender Muldengeometrie positiv genutzt werden.

5.3.2.5 Einfluss von Spritzloch-Verrundung auf den Ablauf der Verbrennung

Auch die Verrundung des Spritzloch-Einlaufs wirkt sich auf die Verbrennung aus. Während scharfe Verrundungen aufgrund der schroffen Umlenkung der Kraftstoff-Strömung in die Spritzlöcher zur Induzierung von Kavitation im Spritzloch neigen, wird die Strömung bei großer, weicher Verrundung unter geringerem Druckverlust und geringerer Reibung in die Spritzlöcher geleitet, was das Druckniveau in der ersten Hälfte des Spritzlochs anhebt. Das höhere Druckniveau stellt einen größeren Abstand vom Dampfdruck des Kraftstoffs dar und wirkt so Kavitation unterbinden.

Zudem steigt mit höherem Druck in der ersten Spritzloch-Hälfte die den Kraftstoff beschleunigende Druckdifferenz über das Spritzloch, was sich in einem höheren Impuls des austretenden Kraftstoffstrahls ausdrückt. Es kommt in diesem Fall zu einer verbesserten Gemischbildung und einer härter ablaufenden Verbrennung.

Abbildung 67 zeigt für Versuche mit den Düsen-Prototypen gemäß Tabelle 14 eine klare Tendenz im Verhalten zwischen Spritzloch-Verrundung und Brennhärte.

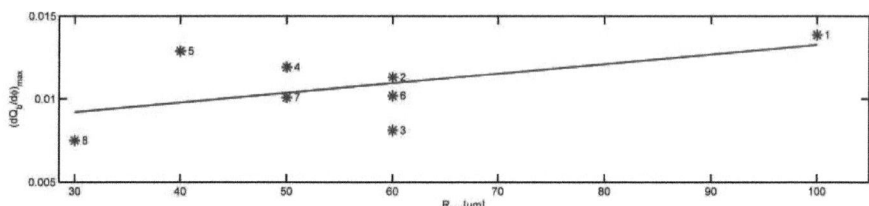

Abbildung 67: Maximale Wärmefreisetzung in Abhängigkeit von oberer Spritzlochverrundung, Ausgleichsgerade gemäß kleinster Fehlerquadrate (Einspritzdruck 3000 bar, Ladedruck 4 bar, NO_x = 0.4 g/kWh)

Interessant ist die hohe Brennhärte bei Düse 1, die, trotz zylindrischem Spritzloch, aufgrund ihrer großen Verrundung von 100 µm in den Versuchen die härteste Verbrennung verursachte. (vgl. auch Abbildung 68) In diesem Fall wird der eher die Verbrennung verlangsamende Effekt geringer Konizität durch die starke Düsenverrundung überkompensiert.

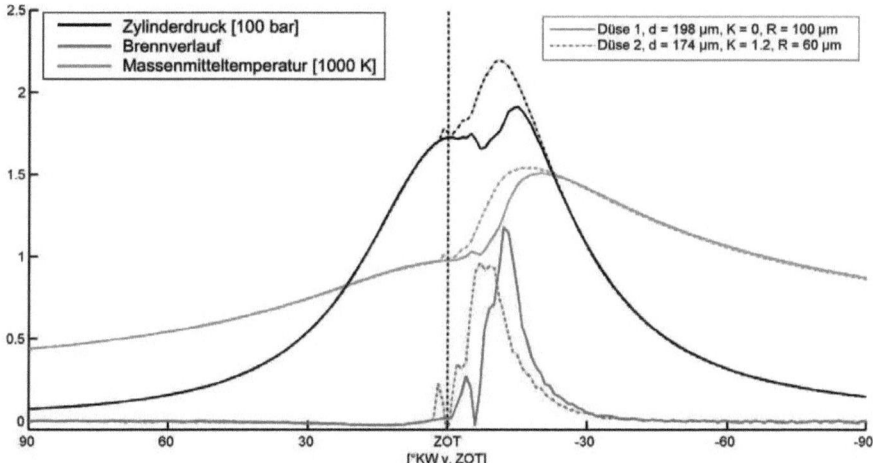

Abbildung 68: Druck-, Brenn- und Temperaturverlauf bei Düse 1 und 2 (Einspritzdruck 3000 bar, Ladedruck 4 bar, NO_x = 0.4 g/kWh)

Auch in diesem Fall musste aufgrund der harten Verbrennung bei Einsatz der Düse 1 der Einspritzbeginn in Richtung spät verschoben werden, um konstante Stickoxid-Emission (NO_x = 0,4 g/kWh) einzuhalten. Bei der eine weiche Verbrennung verursachenden Düse 2 konnte dagegen ein wirkungsgradoptimaler Verbrennungsschwerpunkt gewählt werden.

5.3.2.6 Einfluss von Spritzloch-Anzahl auf den Ablauf der Verbrennung

Neben den Einflüssen der Geometrien einzelner Spritzlöcher wurde ebenfalls untersucht, wie sich unterschiedliche Anzahlen von Spritzlöchern je Düse auf den Ablauf der Verbrennung auswirken. Die Gegenüberstellung von Versuchsergebnissen mit den Düsen 4 und 5 gibt hierzu Aufschluß. Tabelle 17 führt die Bedingungen während der Untersuchungen auf.

Drehzahl	1200 U/min
Indizierter Mitteldruck	14,5 bar
Last	50%
Ladedruck	4,0 bar
Einspritzdruck	3000 bar
NO_x-Emission (konstant durch AGR- und VSP-Anpassung)	$konst.$ = 0,4 g/kWh

Tabelle 17: Motor-Betriebspunkt bei Untersuchungen zu Einfluss von Spritzloch-Anzahl auf Verbrennungshärte, NO_x = konst.

Während Düse 4 als 8-Lochdüse ausgeführt ist, besitzt Düse 5 zehn Löcher mit soweit abgesenktem Spritzloch-Durchmesser, dass beide Düsen den gleichen Normdurchfluss aufweisen. Die Düsen sind bezüglich Konizität und Verrundung sehr ähnlich. Die Ergebnisse der Untersuchung zeigt Abbildung 69 in Form von Druck-, Brenn- und Temperaturverlauf während der Verbrennung.

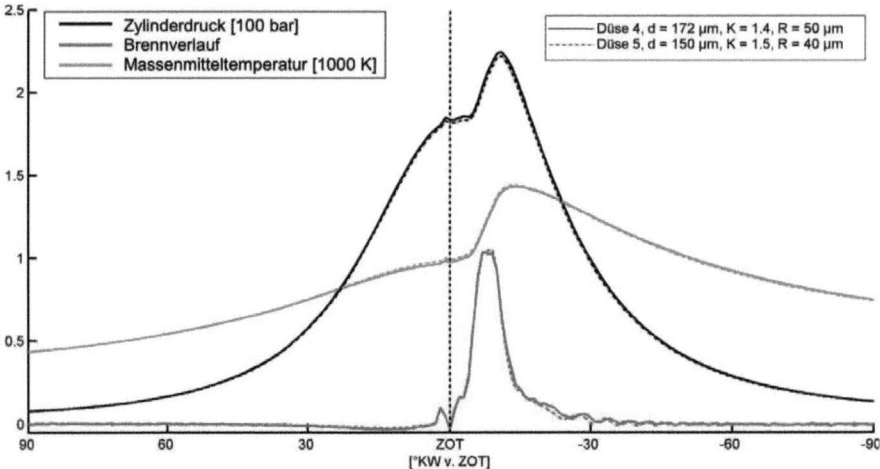

Abbildung 69: Druck-, Brenn-, Temperaturverlauf bei Düse 4 (8 Loch) und Düse 5 (10 Loch) (Einspritzdruck 3000 bar, Ladedruck 4 bar, NO_x = 0.4 g/kWh)

Die zu den Düsen 4 und 5 gehörigen Kurvenverläufe kommen nahezu aufeinander zu liegen und zeigen vergleichbare Wärmefreisetzungen bei beiden Düsen. In vorliegendem Fall wirkte sich die Erhöhung der Spritzlochanzahl bei nahezu konstantem Nenndurchfluss, konstanter Konizität und Verrundung nicht messbar auf den Ablauf der Verbrennung aus. Eine Veränderung der Spritzlochanzahl scheint zur Beeinflussung des Brennverlaufs somit ungeeignet.

Eine Erhöhung der Spritzlochanzahl ist jedoch dann von Vorteil, wenn beispielsweise durch eine Erhöhung des K-Faktors der Strahl-Kegelwinkel kleiner und der Strahl damit kompakter geworden ist. In diesem Fall wird der Kraftstoff bei der Einspritzung in mehrere, kleinere Winkelsegment injiziert. Wird dabei der Nenndurchfluss durch kleinere Spritzlöcher aufrecht erhalten, kann diese Maßnahme verbrennungsneutral erfolgen. Untersuchungen zeigten, dass eine verbrennungsneutrale Veränderung der Spritzloch-Geometrie sich kaum auf die Emission von Stickoxiden auswirkt. Dabei besteht Potenzial zur Senkung der PM-Emission.

Bei Motoren mit hohem Drall ist jedoch darauf zu achten, dass es bei Düsen mit vielen Spritzlöchern zu keiner ungewünschten Verwehung der einzelnen Einspritzkeulen ineinander kommt, wodurch lokal fette Bereiche, in denen die Rußbildung gefördert wird, entstehen würden.

5.3.3 Emissionsverhalten von Düsen mit unterschiedlicher Spritzlochgeometrie

Neben dem Zusammenhang zwischen Spritzloch-Geometrie und Verbrennungsablauf wurde in Versuchsreihen der vom Einspritzdruck abhängige Einfluss der Spritzloch-Geometrie auf das Emissionsverhalten eines Motors untersucht.

Hierfür absolvierte der Forschungsmotor mit den entsprechenden Einspritzdüsen jeweils bei 1200 U/min und Halblast (p_{mi} = 14,5 bar) eine Einspritzdruck-Variation im Bereich von 1600 bis 3200 bar Einspritzdruck.

Die Variation erfolgte bei drei unterschiedlichen Ladedruckstufen:

Ladedruckstufe I: 1,7 bar Ladedruck, minimale AGR-Rate

Bei eher geringem Ladedruck von 1,7 bar wird bei minimaler AGR (AGR-Drossel geschlossen, AGR-Rate ca. 5%) der Einfluss des Einspritzdrucks auf Partikel- und Stickoxidemission untersucht. Es stellt sich ein Verbrennungsluftverhältnis von ca. λ = 2,1 ein.

Ladedruckstufe II: 3,0 bar Ladedruck, AGR-Rate zur Einregelung von NOx = 0,4 g/kWh

Versuche bei der Ladedruckstufe 3,0 bar erfolgten bei konstanter Stickoxidemission von 0,4 g/kWh (EURO VI Grenzwert). Dabei dient die AGR-Rate als Stellgröße zur Einregelung der korrekten Emission von Stickoxiden. Für den Fall, dass auch bei maximal erreichbarer AGR-Rate die angestrebte Stickoxidemission nicht erreicht wird, muss von wirkungsgradoptimalen Schwerpunkten der Verbrennung (VSP_{opt} = -9 °kWvOT) abgewichen werden.

Ladedruckstufe III: 4,0 bar Ladedruck, AGR-Rate zur Einregelung von NOx = 0,4 g/kWh

Die Versuche bei der höchsten Ladedruckstufe von 4,0 bar wurden nach gleichem Vorgehen wie bei den Versuchen bei Ladedruckstufe 3,0 bar durchgeführt.

Die Untersuchungen bei den Ladedruckstufen 3,0 bar und 4,0 bar ermöglichen, das Potenzial der Spritzloch-Geometrie zur Rußsenkung bei konstanter NO_x-Emission zu beurteilen.

5.3.3.1 Untersuchung des Emissionsverhaltens einer optimierten Einspritzdüse gegenüber dem einer Serien-Einspritzdüse

Ausgehend von der für Einspritzdrücke oberhalb von 2500 bar unzureichend geeigneten Serien-Düse 1 (vgl. Kapitel 5.3.1 „Untersuchung des Emissionsverhaltens einer Serien-Einspritzdüse bei extremen Einspritzdrücken") führten Variationen und Auslegungen der Spritzloch-Geometrie mit der Düse 5 zu einer Düse, bei der auch bis zu 3000 bar Einspritzdruck der ungewünschte Partikelanstieg im Bereich extremer Einspritzdrücke ausblieb. Entsprechende Versuchsergebnisse einer Einspritzdruck-Variation bei Ladedruckstufe III 4,0 bar zeigt Abbildung 70.

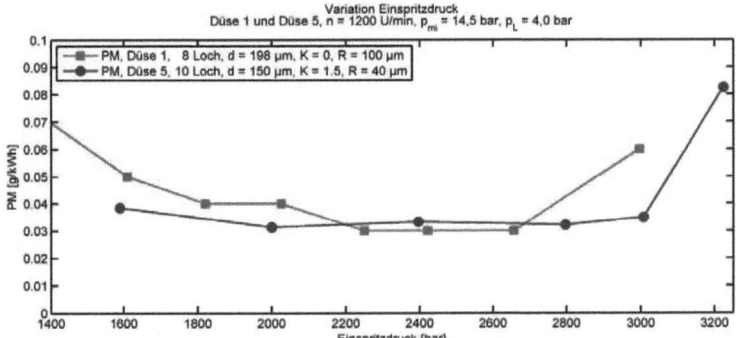

Abbildung 70: PM-Emission bei Variation Einspritzdruck, Düse 1, Düse 5, 1200 U/min, p_{mi} = 14,5 bar, p_L = 4,0 bar, NO_x < EURO VI

Es kommt jedoch bei 3200 bar Einspritzdruck noch immer zu einem signifikanten Anstieg der Partikel-Emission, wofür, wie bereits bei Düse 1, unerwünschte Strahl-Wand-Interaktionen und evtl. auch Kavitation in Spritzlöchern verantwortlich gemacht werden. Tabelle 17 führt die Geometrieparameter der untersuchten Düsen 1 und 5 auf.

Düse	Lochanzahl n	Spritzloch-durchmesser d [µm]	Spritzloch-konizität K	Obere Spritzloch-verrundung R_{oE} [µm]	Normdurchfluss [ml/min mit V-Oil bei 100 bar, 40 °C]
1 (Serie)	8	198	0	100	2030
5	10	150	1.5	40	1460

Tabelle 18: Spritzlochgeometrien der Düsen 1 und 5

Von Düse 1 zu Düse 5 wurden neben einer Erhöhung der Spritzlochanzahl von acht auf zehn folgende Veränderungen im Rahmen der Auslegung durchgeführt:

Um auch bei 3000 bar Einspritzdruck zu kurze Injektorbestromungszeiten mit der Folge einer über die gesamte Haupteinspritzung rein ballistischen, instationären Nadelbewegung zu vermeiden, musste zur Durchfluss-Senkung der Spritzlochdurchmesser auf 150 µm verringert werden. Der kleinere Durchmesser der Spritzlöcher führte dazu, dass im Rahmen des Fluid-Verrundens der Spritzlöcher nach dem Bohren ein maximaler oberer Einlaufradius von 40 µm erreicht werden konnte. Diese Verrundung ist erheblich „schärfer" als bei der Düse 1.

Da ein schärferer, weniger stark verrundeter Spritzloch-Einlauf nach Ergebnissen von Blessing [BLES2004] und Pauer [PAU2001] Kavitation fördert, wurde Düse 5 zur Unterbindung von Kavitation mit einer erhöhten Spritzloch-Konizität von $K = 1,5$ versehen.

Gesteigerte Konizität führt nach Pauer [PAU2001] zu einem schlankeren Einspritzstrahl mit geringerem Strahlkegelwinkel. Diese Veränderung begründete bei der Auslegung der Düsengeometrie die Vorsehung von zehn anstatt von acht Spritzlöchern, wie bei Düse 1. Eine höhere Raumausnutzung des in Kolbenbewegungs-Achse gesehen runden Brennraums durch die Einspritzkeulen soll dadurch erreicht werden.

Obwohl eine Steigerung der Spritzloch-Konizität für sich eher eine erhöhte Strahlpenetration erwarten lässt, wird dieser Effekt in vorliegendem Fall offensichtlich überkompensiert durch die Folgen der Absenkung des Spritzlochdurchmessers. Der kleiner Lochdurchmesser führt zu erhöhtem Schergefälle im Spritzloch und folgend zu einer verbesserten Kraftstoffaufbereitung und Gemischbildung, so dass dessen Verdampfung schneller vonstattengeht, womit die Strahlpenetration absinkt. Es lässt sich daraus auch der beobachtete, erst später bei 3000 bar Einspritzdruck beginnende Anstieg der Partikelemission erklären.

5.3.3.2 Untersuchung des Zusammenhangs zwischen Spritzloch-Austrittsdurchmesser und dem Emissionsverhalten einer Düse

Die Düsen 5 und 7 eignen sich gut zur Untersuchung des Zusammenhangs zwischen Spritzloch-Durchmesser und Emissionsverhalten einer Einspritzdüse im Motor. Verrundung und Konizität der beiden Zehnloch-Düsen 5 und 7 sind vergleichbar, wohingegen die Düse 7 mit einem deutlich kleineren Spritzloch-Durchmesser als die Düse 5 ausgestaltet ist. (vgl. Tabelle 19)

Düse	Lochanzahl n	Spritzloch-durchmesser d [µm]	Spritzloch-konizität K	Obere Spritzloch-verrundung R_{oE} [µm]	Normdurchfluss [ml/min mit V-Oil bei 100 bar, 40 °C]
5	10	150	1.5	40	1460
7	10	100	1.3	50	722

Tabelle 19: Spritzloch-Geometrien der Düse 5 und 7

Die Verringerung des Spritzloch-Durchmessers von Düse 5 zu Düse 7 spiegelt sich auch in einem um 50% reduzierten Normdurchfluss bei Düse 7 wider. Wird eine Einspritzdruck-Variation bei der Ladedruckstufe III 4,0 bar und konstanter Emission von Stickoxiden mit beiden Düsen unter gleichen Bedingungen durchgeführt, stellt sich das Emissionsverhalten folgendermaßen dar.

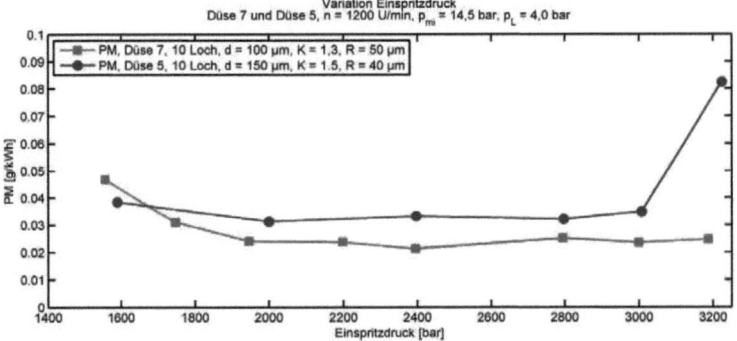

Abbildung 71: PM-Emission bei Variation Einspritzdruck, Düse 7, Düse 5, 1200 U/min, p_{ml} = 14,5 bar, p_L = 4,0 bar, NO_x < EURO VI

Das Emissionsverhalten der Düse 5 wurde bereits in den vorangegangenen Kapiteln erläutert. Der Motorbetrieb mit Düse 7 bringt bereits ab einem Einspritzdruck von ca. 1700 bar erhebliche Emissionsvorteile mit sich (vgl. Abbildung 71). Die niedrigere Partikel-Emission beim Betrieb des Forschungsmotors mit Düse 7 kann auf eine bessere Kraftstoffzerstäubung und Gemischbildung zurückgeführt werden.

Primär ist dementsprechend der kleine Spritzloch-Durchmesser der Düse 7 für die erreichte, niedrige Partikel-Emission verantwortlich. Kleiner Spritzlochdurchmesser führt zu hohem Schergefälle und hohen Scherkräften in der Kraftstoffströmung durch die Spritzlöcher. Diese Bedingungen führen zu einer guten Zerstäubung des Kraftstoffs mit der Folge kleiner Kraftstofftröpfchen, die wiederum rußärmer verbrennen.

Sekundär könnte die geringere Partikel-Emission beim Betrieb mit Düse 7 auch aus einer Veränderung des Drossel-Gleichgewichts im Injektor herrühren. Der Injektor kann in erster Näherung als drei in Reihe geschaltete Drosseln interpretiert werden (vgl. Abbildung 72).

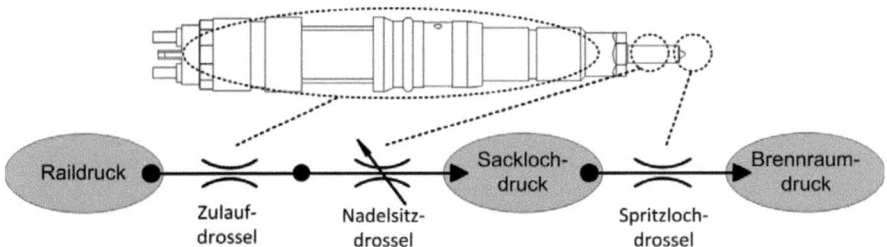

Abbildung 72: Injektor vereinfacht als Drei-Drossel-System

Ausgehend von dem Rail als Druckrandbedingung stellen in Strömungsrichtung des Kraftstoffs die Zulaufverluste im Injektor (Zulauf, Strömungsumlenkungen, Querschnittsübergänge) bis zum Sitz der Düsennadel die erste Drossel dar. Die zweite, variable Drossel ist der Nadelsitz. Bei dicht geschlossener Düsennadel ist diese Drossel quasi unendlich groß. Wird die Nadel geöffnet, sinkt der Drosselwiderstand hubabhängig ab. Kraftstoff, der die Nadelsitzdrossel passiert hat, erreicht das Düsen-Sackloch und tritt über die dritte Drosselstelle (Übergang Sackloch – Spritzloch, Spritzloch) aus dem Injektor bzw. aus dessen Düse aus in die Brennraum-Atmosphäre, die wiederum als Druckrandbedingung aufzufassen ist.

Zusammenfassend wird der Kraftstoff durch den Druckunterschied von Raildruck und Brennraumdruck auf seinem Weg durch das Drei-Drossel-System Injektor getrieben.

Die erste Zulaufdrossel im Injektor konnte bei den Versuchen nicht verändert werden, da alle Untersuchungen mit dem gleichen Injektor durchgeführt wurden.

Der zeitabhängige Verlauf der zweiten Nadelsitz-Drossel ist maßgeblich vom Nadelhubverlauf abhängig. Bei der Haupteinspritzung wurde die Nadelöffnungs-Dauer durch eine Anpassung der Injektor-Bestromungsdauer hinsichtlich konstanten Mitteldrucks während der Versuchsreihen eingeregelt. Dabei ist zu beachten, dass die Bestromungsdauer mit sinkendem Düsen-Durchfluss von Düse 5 zu Düse 7 anstieg. Dementsprechend ist die Nadelhaltephase in der die Düsennadel im Bereich maximalen Hubs verharrt bei Düse 7, soweit vorhanden, jeweils länger und ausgeprägter als bei Düse 5. Während der Nadelhaltephase kann sich im Injektor ein Stationärzustand einstellen.

Der Drossel-Widerstand der dritten Drossel ist maßgeblich abhängig von der Spritzlochgeometrie. Scharfe Verrundung des Spritzloch-Einlaufs und kleiner Spritzlochdurchmesser führen zu erhöhtem Drosselwiderstand an dieser Stelle. Ausgehend von der am Spritzloch-Austritt anliegenden Druckrandbedingung in Form des Zylinderdrucks bedeutet ein erhöhter Drosselwiderstand der dritten Injektordrossel Spritzloch, bei konstant angenommener Zulauf- und Nadelsitzdrossel, erhöhten Druckabfall über das Spritzloch und folglich höheren Druck im Sackloch.

Für Zerstäubung und Gemischbildung ist streng genommen nicht der im Rail anliegende Einspritzdruck verantwortlich, sondern die Differenz des Sackloch-Druckniveaus zum Brennraumdruck. Diese die Zerstäubung fördernde Druckdifferenz ist bei Düse 7 aufgrund deren kleiner

Spritzlöcher höher als bei Düse 5. Demnach kann die verbesserte Zerstäubung und Gemischbildung bei Düse 7 auch durch das veränderte Injektordrossel-Gleichgewicht und den höheren Sackloch-Druck während der Einspritzung verursacht werden.

Ein erhöhter Sackloch-Druck führt bei der vorliegenden, vom Fluiddruck unterstützten Öffnung der Düsennadel darüber hinaus zu einem schnelleren Öffnen der Nadel ab Einspritzbeginn. Schnelles Nadelöffnen wirkt sich zu Gunsten der Dauer des Verweilens der Nadel in der voll geöffneten Position aus. Ferner wird die Injektordynamik gesteigert, was für die tendenziell kurzen Spritzzeiten bei extremen Einspritzzeiten wünschenswert ist.

Es darf jedoch nicht außer Acht gelassen werden, dass eine Veränderung des globalen Injektor-Drossel-Gleichgewichts durch angepasste Spritzlochgeometrien zu einer immer weiteren Entfernung des Injektor-Betriebspunkts von der ursprünglichen Auslegung führt. Bei den durchgeführten Untersuchungen wurde bei der Verwendung von Düsen mit sehr kleinem und weit von der Seriendüse entfernten Spritzloch-Durchmessern eine ungleichmäßige, pulsierende Verbrennung festgestellt, die sich in Form von Schwingungen im Brennverlauf bemerkbar machte. Dieser Effekt trat bei den Düsen 6, 7 und 8 unabhängig von Betriebspunkt und Einspritzdruck auf.

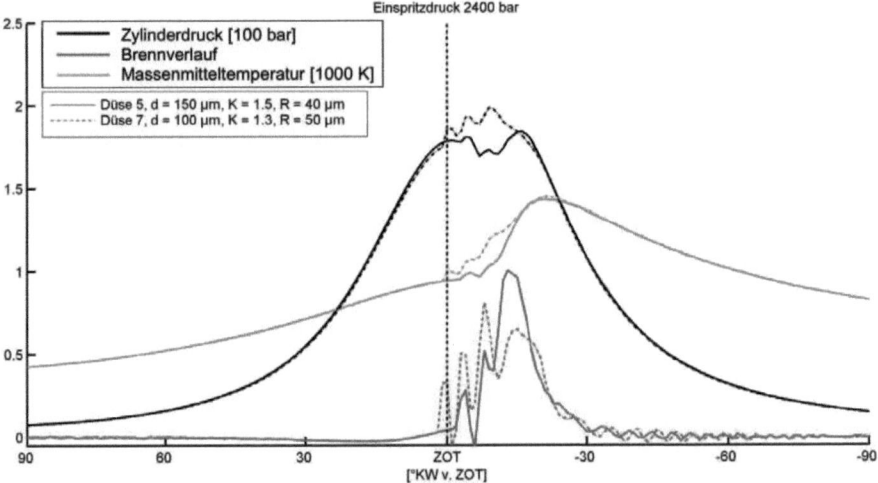

Abbildung 73: Druck-, Brenn-, Temperaturverlauf bei Düse 5 und 7, Schwingungen im Brennverlauf bei Düse 7 (Einspritzdruck 2400 bar, Ladedruck 4 bar, NO_x = 0.4 g/kWh)

Der Vergleich zwischen den Brennverläufen der Düse 7 bei 2400 bar (vgl. Abbildung 73) und der Düse 7 bei 3000 bar (vgl. Abbildung 74) fallen ähnliche Schwingungsfrequenzen der Brennverlaufsschwingung auf.

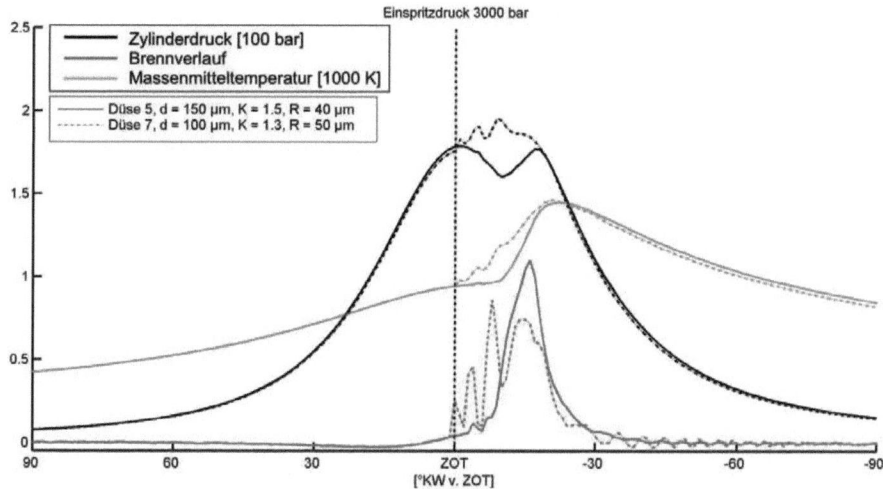

Abbildung 74: Druck-, Brenn-, Temperaturverlauf bei Düse 5 und 7, Schwingungen im Brennverlauf bei Düse 7 (Einspritzdruck 3000 bar, Ladedruck 4 bar, NO_x = 0.4 g/kWh)

Es kommt bei diesen Düsen aufgrund des sich sehr schnell und auf hohes Niveau aufbauenden Sackloch-Drucks zu einem extrem schnellen Öffnen der Düsennadel. Dabei schwingt die Nadel unkontrolliert aber reproduzierbar. Es folgt eine pulsierende, getaktete Einspritzung bis die Nadel einen Stationärzustand einnimmt.

Diese Einspritz-Taktung erfolgt mit hoher Dynamik und führt so zu einem homogenisierenden Effekt. Es ist davon auszugehen, dass dabei der Anteil an homogen verbrennendem Kraftstoff gegenüber dem Anteil an unter Diffusionsflamme verbrennendem Kraftstoff steigt, was die geringe Partikelemission beim Motorbetrieb mit der getaktet einspritzenden Düse 7 gegenüber dem Betrieb mit der nicht getaktet einspritzenden Düse 5 erklären würde.

Die aufgetretene Taktung bei den Düsen 6, 7 und 8 war bei der Düsenauslegung ursprünglich nicht angestrebt. Versuchsergebnisse zeigen jedoch sehr geringe Partikelemission bei Verwendung dieser Düsen.

Die getaktete Einspritzung kann auch mitverantwortlich dafür sein, dass bei Untersuchungen mit Düse 7 der von Düse 1 und 5 bekannte Partikelanstieg hin zu extremen Einspritzdrücken im gesamten, untersuchten Druckbereich (bis 3200 bar) nicht beobachtet werden konnte, da die Einspritz-Taktung zu geringer Strahl-Penetration führt und folglich Strahl-Wand-Interaktionen unwahrscheinlicher werden. (vgl. Abbildung 71)

Es wird vermutet, dass die Schwingung der Düsennadel entweder aufgrund einer zu schwach ausgelegten oberen Anschlagdämpfung für die Düsennadel oder aufgrund von einer Druckschwingung im Common-Rail-System herrühren. Das schnelle Öffnen der Düsennadel führt zu einem plötzlichen Druckabfall im Sackloch. Dabei läuft eine Unterdruckwelle durch Injektor und Leitungssystem in Richtung Rail. Diese wird beim Eintritt in das Rail (offenes Rohrleitungsende) negativ reflektiert und kommt anschließend wieder als Druckwelle am Injektor an. Diese Druckwelle kann das Gleichgewicht am Pilotventil und an der Düsennadel des Injektors stören und zu Nadelschwingungen führen.

Bei allen Emissionsvorteilen dürfen erhebliche Materialbelastungen der Düsenbauteile während dem Schwingen der Düsennadel nicht außer Acht gelassen werden. Es ist jedoch denkbar, zukünftige Injektorgenerationen so auszulegen, dass diese eine derartige Taktung dauerfest erlauben. Hierbei muss besonderes Augenmerk auf die Anschlagdämpfungen der Düsennadel sowohl hin zum Nadelsitz als auch hin zum oberen Nadelanschlag gelegt werden.

Ziel sollte es sein, einen hochdynamischen Injektor für 3000 bar Einspritzdruck auszulegen, der auch bei extremen Einspritzdrücken nicht zu Düsennadelschwingungen neigt. Eine hohe Dynamik hinsichtlich gezieltem Nadelöffnen und –schließen ist wünschenswert, um den Einfluss hochfrequent getakteter Einspritzung zu untersuchen.

5.3.3.3 Untersuchung moderater Veränderungen der Spritzloch-Konizität und – Verrundung hinsichtlich Emission

Eine Aussage über den Einfluss moderater Veränderungen der Spritzloch-Konizität und der Verrundung des Spritzloch-Einlaufs auf das Emissionsverhalten eines Motors kann in der Gegenüberstellung von Versuchsergebnissen bei Motorbetrieb mit den Düsen 6 und 7 abgeleitet werden.

Düse 6 weist mit K = 1,7 gegenüber Düse 7 mit K = 1,3 eine ausgeprägtere Konizität sowie eine geringfügig stärkere Verrundung auf. Beide Größen bringen theoretisch eine niedrigere Kavitations-Neigung bei Düse 6 mit sich bringt. Der Strahlimpuls bei Düse 6 wird aufgrund höherer Verrundung und Konizität tendenziell größer als bei Düse 7 erwartet.

Düse	Lochanzahl n	Spritzloch-durchmesser d [μm]	Spritzloch-konizität K	Obere Spritzloch-verrundung R_{oE} [μm]	Normdurchfluss [ml/min mit V-Oil bei 100 bar, 40 °C]
6	10	100	1.7	60	781
7	10	100	1.3	50	722

Tabelle 20: Spritzloch-Geometrien der Düsen 6 und 7

In einer Variation des Einspritzdrucks wurde das Emissionsverhalten des Forschungsmotors beim Betrieb mit Düse 6 und mit Düse 7 bei nachfolgenden Versuchsparametern bei der Ladedruckstufe II 3,0 bar (vgl. Tabelle 21) untersucht. Durch Anpassung der AGR-Rate und ggf. im zweiten Schritt Verschiebung des Einspritzbeginns in Richtung spät wurde die Stickoxidemission konstant auf 0,4 g/kWh eingeregelt.

Drehzahl	$1200\ U/min$
Indizierter Mitteldruck	$14{,}5\ bar$
Last	50%
Ladedruck	$3{,}0\ bar$
Einspritzdruck	$1600 - 3200\ bar\ Variation$
NO_x-Emission (konstant durch AGR- und VSP-Anpassung)	$konst. = 0{,}4\ g/kWh$

Tabelle 21: Motor-Betriebspunkt bei Untersuchung zu Emissions-Einflüssen von Spritzlochgeometrie bei Düse 6

Versuchsergebnisse zeigen, dass sich die geringen Geometrieveränderungen zwischen den beiden Düsen 6 und 7 lediglich minimal auf das Emissionsverhalten des Motors auswirken. (vgl. Abbildung 75)

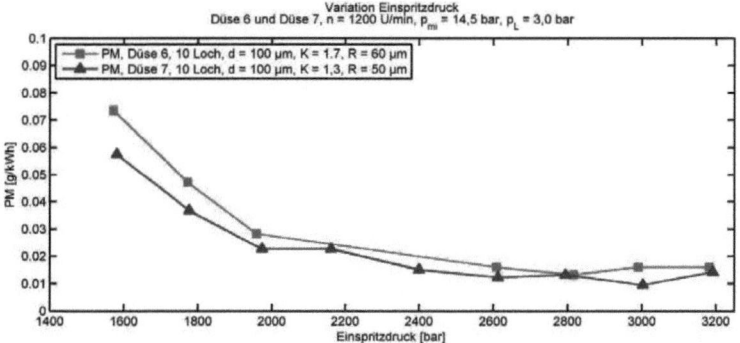

Abbildung 75: PM-Emission bei Variation des Einspritzdrucks, Düse 6, Düse 7, 1200 U/min, p_{mi} = 14,5 bar, p_L = 3,0 bar, NO_x < EURO VI

Hervorzuheben ist, dass der Forschungsmotor beim Betrieb mit Düse 7 bei 3000 bar die Emissionsgrenzwerte für Stickoxid und Partikel gleichzeitig einhält.

5.3.3.4 Untersuchung des Emissionsverhaltens optimierter Düsen in Abhängigkeit von Einspritzdruck und Ladedruck

Wie bereits eingehend beschrieben, ist für eine partikelarme Verbrennung ausreichend Ladedruck erforderlich. Ist ein ausreichender Luftüberschuß einmal erreicht, kann durch eine weitere Anhebung des Ladedrucks die Partikelemission nur noch minimal gesenkt werden (vgl. Kapitel 4.1.1 Versuchsergebnisse).

Die Versuchsbedingungen der zu Grunde liegenden Untersuchung sind in Tabelle 22 zusammengestellt. Die Einspritzdrucksteigerung erfolgte einmal bei 3,0 bar Ladedruck und einmal bei 4,0 bar Ladedruck bei konstanter Stickoxid-Emission.

Drehzahl	1200 U/min
Indizierter Mitteldruck	14,5 bar
Last	50%
Einspritzdruck	1600 − 3200 $bar\ Variation$
NO$_x$-Emission (konstant durch AGR- und VSP-Anpassung)	$konst. = 0,4\ g/kWh$

Tabelle 22: Motor-Betriebspunkt bei Untersuchungen zu Emissions-Einflüssen von Ladedruck bei Düse 7

Bei moderaten Einspritzdrücken bis zu 2000 bar wird bei dem höheren Ladedruck (4,0 bar) die geringste Partikelemission erreicht (vgl. Abbildung 76). Diese geringere Partikelemission lässt sich mit dem höheren Luftüberschuß bei 4,0 bar Ladedruck erklären.

Während bei 4,0 bar Ladedruck bis hin zu 3200 bar Einspritzdruck kein Partikelanstieg zu verzeichnen ist, kommt es bei 3 bar Ladedruck zu einem Abfall der Partikelemission bis zu 3000 bar Einspritzdruck und bei höherem Einspritzdruck von 3200 bar zu einem moderaten Partikelanstieg. Ursächlich für den Anstieg der PM-Emission bei extremem Einspritzdruck wird der geringere Ladedruck, der in niedrigerer Gasdichte während der Einspritzung resultiert, vermutet. Bei geringer Gasdichte der Zylinderladung entstehen bei der Kraftstoffeinspritzung größere Tröpfchen, die langsamer verdampfen. Gemeinsam mit einem in erster Näherung mit der Gasdichte proportional einhergehenden Strömungswiderstand des Einzeltropfens in der Zylinderatmosphäre steigt die Strahlpenetration bei sinkender Dichte der Zylinderladung. In vorliegendem Fall ist davon auszugehen, dass bei 3,0 bar Ladedruck und einem Einspritzdruck von 3200 bar unerwünscht starke Strahl-Wand-Interaktion auftreten.

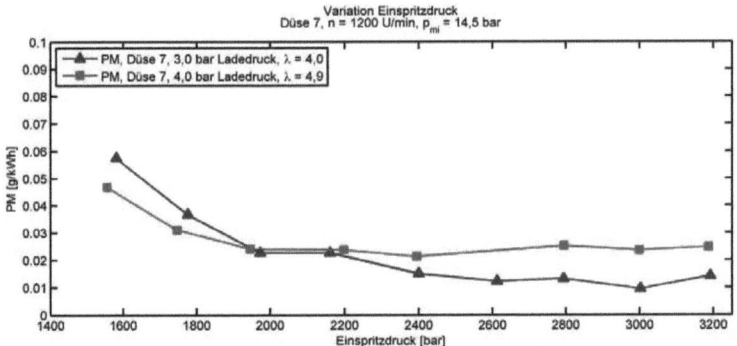

Abbildung 76: PM-Emission bei Variation des Einspritzdrucks, Düse 7, 1200 U/min, p_{mi} = 14,5 bar, NO$_x$ < EURO VI

Interessant ist, dass sich bei extremen Einspritzdrücken (2200 bar bis zu 3200 bar) der höhere Ladedruck von 4,0 bar global betrachtet negativ im Hinblick auf die Emission von Partikeln auswirkt. Bei extremen Einspritzdrücken wird in vorliegendem Fall die geringste Partikelemission bei dem geringeren Ladedruck von 3,0 bar erzielt. Sekundäre Einflüsse spielen hier eine entscheidende Rolle. Mit dem Ladedruck steigt ebenfalls die NO$_x$-Emission, deren Anstieg wiederum durch Maßnahmen wie AGR-Anhebung und Verschiebung des Verbrennungsschwerpunkts in Richtung spät kompensiert wird. Diese Maßnahmen führen sekundär zu einer Erhöhung der Partikelemission mit dem Ladedruck.

Die Untersuchung zeigt ferner, dass bei entsprechend für hohe Einspritzdrücke optimierter Düsengeometrie unabhängig vom Ladedruck (bzw. Gasdichte) während der Einspritzung die geringste Partikelemission tendenziell bei extremen Einspritzdrücken erreicht wird.

Im Hinblick auf den optimalen Aufladegrad ist der für eine hinsichtlich geringer Emission zu wählende, optimale Ladedruck vom Einspritzdruck abhängig. Höherer Einspritzdruck senkt hierbei den Bedarf an Ladedruck. Dieses Phänomen wurde ebenfalls ausgeprägt bei Düse 6 festgestellt. Auch hier wird ab 2000 bar Einspritzdruck die geringste Partikelemission bei geringerem Ladedruck erreicht (vgl. Abbildung 77).

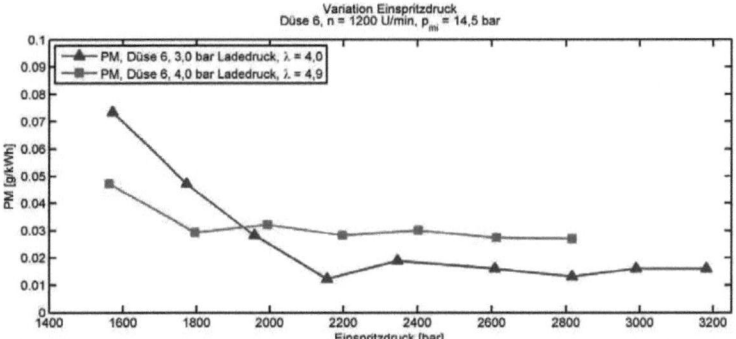

Abbildung 77: PM-Emission bei Variation des Einspritzdrucks, Düse 6, 1200 U/min, p_{mi} = 14,5 bar, NO_x< EURO VI

Entsprechend muss für ein Niedrigstemissions-Brennverfahren das Zusammenspiel aus Einspritzdruck und Ladedruck optimiert werden, wobei mit steigendem Einspritzdruck tendenziell der Bedarf an Ladedruck absinkt, was sich ebenfalls günstig auf die Stickoxidemission auswirkt.

5.3.3.5 Emissionsverhalten bei Motorbetrieb mit einer aufgrund ihrer Spritzloch-Geometrie zu Kavitation neigenden Düse im Vergleich zu einer nicht zu Kavitation neigenden Düse

Die Düse 8 wird aufgrund von minimal verrundeten Spritzlöchern und geringer Konizität zu Spritzloch-Kavitation neigend angesehen (vgl. Tabelle 23). Dagegen ist die Kavitationsneigung bei Düse 7 mit größerer Verrundung und Konizität geringer. Die Düsen weisen einen Lochdurchmesser von 100 µm (Düse 7) bzw. 91 µm (Düse 8) auf.

Düse	Lochanzahl n	Spritzloch-durchmesser d [µm]	Spritzloch-konizität K	Obere Spritzloch-verrundung R_{oE} [µm]	Normdurchfluss [ml/min mit V-Oil bei 100 bar, 40 °C]
7	10	100	1.3	50	722
8	10	91	0.7	30	510

Tabelle 23: Spritzloch-Geometrien der Düsen 7 und 8

Wird mit den Düsen die bekannte Variation des Einspritzdrucks bei der Ladedruckstufe II 3,0 bar (vgl. Tabelle 24) durchgeführt, zeigen sich signifikante Unterschiede im Emissionsverhalten (vgl. Abbildung 78).

Drehzahl	1200 U/min
Indizierter Mitteldruck	14,5 bar
Last	50%
Ladedruck	3,0 bar
Einspritzdruck	1600 − 3200 bar $Variation$
NO$_x$-Emission (konstant durch AGR- und VSP-Anpassung)	$konst. = 0,4\ g/kWh$

Tabelle 24: Motor-Betriebspunkt bei Untersuchungen zu Emissions-Einflüssen von Spritzlochgeometrie bei Düse 7 und 8

Bei der stärker verrundeten Düse 7 mit Konizität K = 1,3 wird mit steigendem Einspritzdruck bis zu 2400 bar eine stetige Senkung der Partikelemission bei konstanter NO$_x$-Emission erreicht. Hin zu höheren Einspritzdrücken ist eine Art Sättigungsverhalten zu beobachten, wobei durch höheren Einspritzdruck die Partikelemission nicht mehr signifikant abzusenken ist.

Bei der aufgrund ihrer Geometrie zu Kavitation neigenden Düse 8 wird von dem bei Düse 7 zu Tage getretenen Emissionsverhalten abgewichen. Düse 8 führt bei derzeitigen, in der Serie üblichen Einspritzdrücken von ca. 1800 bar zu deutlich höherer Partikelemission als Düse 7. Dafür sinkt bei Düse 8 mit jeder Steigerung des Einspritzdrucks die Partikelemission stetig ab. Zwischen 2800 und 3000 bar Einspritzdruck liegt die Partikelemission bei beiden Düsen auf gleichem Niveau. Bei 3000 bar werden mit Düse 7 und 8 die Emissionslimits gemäß EURO VI (NO$_x$ < 0,4 g/kWh und PM < 0,010 g/kWh) eingehalten. Wird Düse 8 bei 3200 bar Einspritzdruck betrieben, lässt sich ein deutlicher Emissionsvorteil erzielen. Im Versuch wurde eine Partikelemission von 5 mg Partikel bezogen auf die Kilowattstunde gemessen, was einer Unterschreitung des EURO VI Grenzwerts um 50% entspricht.

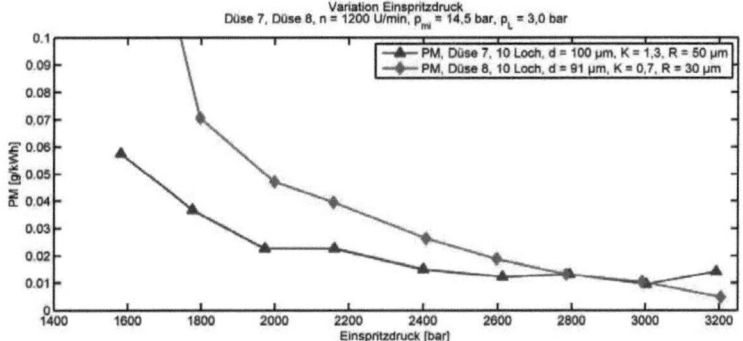

Abbildung 78: PM-Emission bei Variation des Einspritzdrucks, Düse 7, Düse 8, 1200 U/min, p_{mi} = 14,5 bar, p_L = 3,0 bar NO_x < EURO VI

Es ist davon auszugehen, dass bei Düse 8, insbesondere im Bereich niedriger Einspritzdrücke, Kavitation im Spritzloch auftritt. Dies führt nach Blessing [BLES2004] zu einem größeren Strahl-Kegelwinkel und einer im luftarmen, nahe dem Spritzloch-Austritt beginnenden Verbrennung mit erhöhter Partikelemission aufgrund von Sauerstoffmangel. Mit steigendem Einspritzdruck liegt das Totaldruckniveau des Kraftstoffs im Sackloch höher, was als steigender „Sicherheitsabstand" zum für die Kavitation entscheidenden Dampfdruck-Niveau zu werten ist. Offensichtlich wird der kavitationsfördernde Einfluss der Spritzlochgeometrie von der Düse mit steigendem Einspritzdruck weiter kompensiert, so dass gerade bei extremen Einspritzdrücken von minimaler oder nicht vorhandener Spritzloch-Kavitation bei der für Kavitation anfälligen Düse 8 ausgegangen werden kann.

Wird für ein Brennverfahren eine derartige Niedrigstemissions-Düse 8 eingesetzt, ist zu beachten, dass der Betrieb dieser Düse nur bei extremen Einspritzdrücken sinnvoll ist, was auf Dauer gesehen zu erheblichen Belastungen für das Einspritzsystem führt. Wird eine derartige Einspritzdüse bei kavitierenden Betriebszuständen eingesetzt, steigt die Partikelemission signifikant an und die Düse kann durch hohe Belastungen beim Implodieren von Kavitationsblasen zumindest langfristig geschädigt werden.

5.3.3.6 Erhöhung der AGR-Verträglichkeit bei extremen Einspritzdrücken, Gegenüberstellung des Emissionsverhaltens von Düse 8 bei 1.7 bar und 3,0 bar unter Berücksichtigung der AGR-Verträglichkeit des Brennverfahrens

Die AGR-Verträglichkeit des Brennverfahrens ist erheblich vom Einspritzdruck abhängig. Hohe AGR-Raten (30 – 50%), wie diese zur innermotorischen Einhaltung von EURO VI Stickoxidgrenzwerten erforderlich sind, senken die Reaktionsgeschwindigkeit sowie die Temperatur im Brennraum und wirken sich so negativ auf die Gemischbildung aus. Dagegen vermögen hohe Einspritzdrücke die Gemischbildung durch u.a. kleinere Kraftstofftröpfchen und einen höheren Impuls des Einspritzstrahls zu verbessern, um so die AGR-Verträglichkeit des Brennverfahrens zu steigern.

Zwei Untersuchungen mit der jeweils gleichen Einspritzdüse beleuchten diese Effekte. Bei der ersten Versuchsreihe wurde bei minimaler AGR-Rate ein Ladedruck von 1,7 bar gewählt, so dass sich ein Verbrennungsluftverhältnis von $\lambda = 2,1$ einstellt.

Drehzahl	1200 U/min
Indizierter Mitteldruck	14,5 bar
Last	50%
Ladedruck	1,7 bar
Einspritzdruck	3000 bar
AGR-Rate	minimal, konstant, ca. 5%

Tabelle 25: Motor-Betriebspunkt bei erster Versuchsreihe, Untersuchungen zu AGR-Verträglichkeit

Für die zweite Versuchsreihe wurde ein Ladedruck von 3,0 bar gewählt und eine konstante Stickoxid-Emission von 0,4 g/kWh mittels AGR eingeregelt.

Drehzahl	1200 U/min
Indizierter Mitteldruck	14,5 bar
Last	50%
Ladedruck	3,0 bar
Einspritzdruck	1600 – 3200 $bar\ Variation$
NO_x-Emission (konstant durch AGR- und VSP-Anpassung)	$konst. = 0,4\ g/kWh$

Tabelle 26: Motor-Betriebspunkt bei zweiter Versuchsreihe, Untersuchungen zu AGR-Verträglichkeit

Während beider Versuchsreihen war Düse 8 im Forschungsmotor montiert. Die Emissionsergebnisse der beiden Untersuchungen sind in Abbildung 79 dargestellt. Unter dem Diagramm zur Partikelemission ist in einem weiteren Diagramm das Verbrennungsluftverhältnis aufgetragen.

Es zeigt sich, dass bei geringen Einspritzdrücken die geringste Partikelemission beim Betrieb mit minimaler AGR-Rate erreicht wird. Hin zu höheren Einspritzdrücken wird die AGR-Verträglichkeit des Brennverfahrens durch die hohe Gemischbildungs-Energie und die kleinen Kraftstofftröpfchen bei extremen Einspritzdrücken soweit verbessert, dass ab ca. 2800 bar Einspritzdruck unter Einhaltung einer Stickoxidemission von 0,4 g/kWh bei einer AGR-Rate von 45% niedrigere Partikelemission als beim Betrieb mit minimaler AGR-Rate erreicht wird. Zum Vergleich: Die Stickoxidemission während der Versuchsreihe bei 1,7 bar Ladedruck und minimaler AGR lag bei Werten zwischen 11,7 und 12,5 g/kWh um den Faktor 30 höher als bei der 3,0 bar Versuchsreihe II.

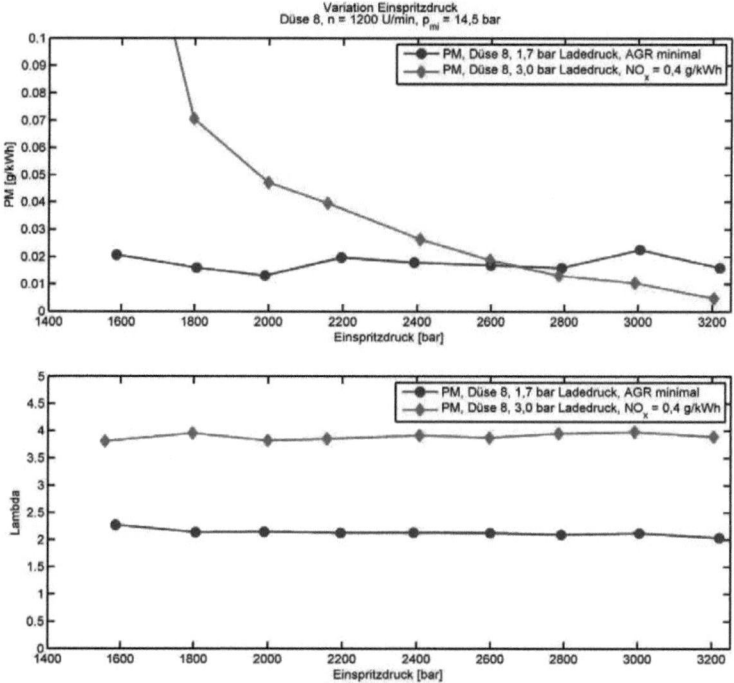

Abbildung 79: PM-Emission und Lambda bei Variation des Einspritzdrucks, Düse 8, 1200 U/min, p_{mi} = 14,5 bar

Es kann zusammengefasst werden, dass AGR-Raten zwischen 40 und 50% ein effektives Mittel zur drastischen Senkung der Stickoxidemission darstellen. Hohe Ladedrücke in Kombination mit extremen Einspritzdrücken und entsprechend angepassten Spritzlochgeometrien sollten dabei für ausreichend hohen Luftüberschuss und gute Gemischbildung sorgen. In der optimalen Kombination lassen sich erhebliche Emissionsvorteile erzielen und zukünftige Emissionsvorschriften innermotorisch erfüllen.

5.4 Wirkungsgradbetrachtung - Leistungsbedarf für Kraftstoffverdichtung

Mit steigendem Einspritzdruck ist ebenfalls die erforderliche Antriebsleistung der Kraftstoffpumpe, die bei Serienmotoren im Allgemeinen fest über eine Übersetzungsstufe von der Kurbelwelle angetrieben wird, in Form einer Wirkungsgrad-Minderung zu berücksichtigen. Nachfolgend wird die Höhe der Wirkungsgradeinbuße abgeschätzt.

Da diese Arbeit sich maßgeblich mit Einspritzdrücken über 2000 bar, bei denen von einer Saugdrossel-Regelung der Kraftstoffpumpe auszugehen ist, beschäftigt, wird unter Vernachlässigung von Abdrossel- und Leckströmen der in der Kraftstoffpumpe verdichtete Volumenstrom mit dem Brennstoffvolumenstrom gleichgesetzt.

$$\dot{V}_B = \frac{\dot{m}_B}{\rho_B} \tag{5.2}$$

Hierbei kann über den Kraftstoffverbrauch dessen Massenstrom bestimmt werden.

$$\dot{m}_B = P_i * b_i \tag{5.3}$$

Die zur Verdichtung des Brennstoffs von Umgebungsdruck auf Einspritzdruck p_E erforderliche Leistung folgt daraus.

$$P_{V_{Kraftstoff}} = \dot{V}_B * p_E \tag{5.4}$$

Unter der Annahme eines Radialkolbenpumpen-Wirkungsgrads von η_P und eines mit η_S Wirkungsgrad behafteten, einstufigen Stirnradantriebs stellt sich der für den Pumpenantrieb an der Kurbelwelle erforderliche Leistungsbedarf wie folgt dar.

$$P_P = \frac{P_{V_{Kraftstoff}}}{\eta_P * \eta_S} = p_E * \frac{P_i * b_i}{\rho_B * (\eta_P * \eta_S)} \tag{5.5}$$

Ein Teil der Verdichtungsleistung dissipiert während der Einspritzung des Kraftstoffs in der hochverdichteten Brennraumatmosphäre. Der andere Teil bewirkt eine Erhöhung der inneren Energie der Ladung infolge der Brennraumdruckerhöhung durch die während der Einspritzung geleistete Verdichtungsarbeit.

$$W_{V_{Ladung}} = -\int_1^2 p \, dV \tag{5.6}$$

Wird angenommen, dass innerhalb einer infinitesimal kurzen Einspritzzeit inkompressibler Kraftstoff in die auf Kompressionsvolumen komprimierte Ladung eingespritzt wird und diese infolge Volumenverdrängung isentrop komprimiert wird, kann die Druckerhöhung der Ladung während dieses Prozesses folgendermaßen angenähert werden.

$$p_2 = p_1 * \varepsilon_E^\kappa \tag{5.7}$$

Dabei ist ε_E das Kompressionsverhältnis während des Einspritzvorgangs.

$$\varepsilon_E = \frac{V_c}{V_c - V_B} = \frac{V_1}{V_2} \qquad (5.8)$$

Je Einspritzvorgang wird das Brennstoffvolumen V_B eingespritzt.

$$V_B = \frac{P_i * b_i * 2}{n * \rho_B} \qquad (5.9)$$

Durch Zusammenführen und Umformen von Formel 5.2 bis 5.9 kann ein Term für die Verdichtungsarbeit des eingespritzten Kraftstoffs an der Ladung ausgehend von deren Druck p_1 bei Einspritzbeginn aufgestellt werden.

$$W_{V_{Ladung}} = -\int_1^2 p\,dv = -\int_1^2 p_1 * \varepsilon_E^\kappa dV = -\int_1^2 p_1 * \left(\frac{V_1}{V_2}\right)^\kappa dV \qquad (5.10)$$

Wird die Ladung von Zustand $V_1 = V_c$ (Kompressionsvolumen im oberen Totpunkt) isentrop komprimiert auf $V_2 = V_c - V_B$, berechnet sich die Verdichtungsarbeit entsprechend.

$$W_{V_{Ladung}} = -\int_1^2 p_1 * \left(\frac{V_1}{V_2}\right)^\kappa dV = \frac{p_1 * V_1}{\kappa - 1} * \left[\left(\frac{V_2}{V_1}\right)^{1-\kappa} - 1\right] \qquad (5.11)$$

Drehzahlabhängig ergibt sich durch den bei jeder Einspritzung wiederkehrenden Verdichtungsprozess für einen Viertaktmotor folgende, drehzahlabhängige Verdichtungsleistung.

$$P_{V_{Ladung}} = W_{V_{Ladung}} * \frac{n}{2} = \frac{p_1 * V_1}{\kappa - 1} * \left[\left(\frac{V_2}{V_1}\right)^{1-\kappa} - 1\right] * \frac{n}{2} \qquad (5.12)$$

In der Realität ist der Anteil an Verdichtungsleistung, die während des Expansionstakts an die Kurbelwelle übertragen werden kann, von zahlreichen Variablen, der Motorgeometrie und Brennverfahrensparametern abhängig. Für eine realistische Abschätzung einer vom Brennverfahrenswirkungsgrad losgelösten, einspritzdruckabhängigen Wirkungsgradeinbuße ist davon auszugehen, dass die für den Hochdruckpumpenantrieb erforderliche Leistung P_P an der Kurbelwelle abgegriffen wird. Die während des Einspritzvorgangs an der Ladung verrichtete Verdichtungsleistung P_V kann nur zu einem Anteil wieder in mechanische Leistung an der Kurbelwelle umgewandelt werden. Entsprechend liegt in der Realität die netto-Leistungseinbuße für die Kraftstoffeinspritzung an der Kurbelwelle zwischen der Pumpenantriebsleistung P_P und der Pumpenantriebsleistung abzüglich der ermittelten Verdichtungsleistung an der Ladung.

Maximale Leistungseinbuße durch Pumpenantriebsleistung:

$$P_{P_{max}} = P_P \qquad (5.13)$$

Minimale Leistungseinbuße durch Pumpenantriebsleistung:

$$P_{P_{min}} = P_P - P_{V_{Ladung}} = \left\{ p_E * \frac{P_i * b_i}{\rho_B * (\eta_P * \eta_S)} \right\} - \left\{ \frac{p_1 * V_1}{\kappa - 1} * \left[\left(\frac{V_2}{V_1}\right)^{1-\kappa} - 1 \right] * \frac{n}{2} \right\} \quad (5.14)$$

Wird von Werten für den vorliegenden 1,8l LVK-Forschungsmotor ausgegangen (vgl. Tabelle 27), kann abhängig von Leistung und Drehzahl die Leistungseinbuße wie in Abbildung 80 dargestellt werden. Eine Leistungseinbuße kann mit einer Erniedrigung des Motor-Wirkungsgrads gleich gesetzt werden.

Variable	Wert	Einheit
ρ_B	825	kg/m^3
b_i	200	g/kWh
η_P	90	%
η_S	98	%
p_1	170	bar
V_c	110	cm^3

Tabelle 27: Werte für Wirkungsgradbilanzierung der Einspritzung

Während bei einem derzeitigen Serieneinspritzdruck für die Bereitstellung von 1800 bar Einspritzdruck ca. 1,4% Wirkungsgrad eingebüßt werden, sind zur Erzeugung von 3000 bar Einspritzdruck ca. 2,3% der Motorleistung erforderlich (vgl. Abbildung 80). Die Wirkungsgradeinbuße ist quasi unabhängig von Motorleistung und –drehzahl. Demnach würde eine Einspritzdrucksteigerung von 1800 bar auf 3000 bar um ca. 1% wirkungsgradsenkend wirken.

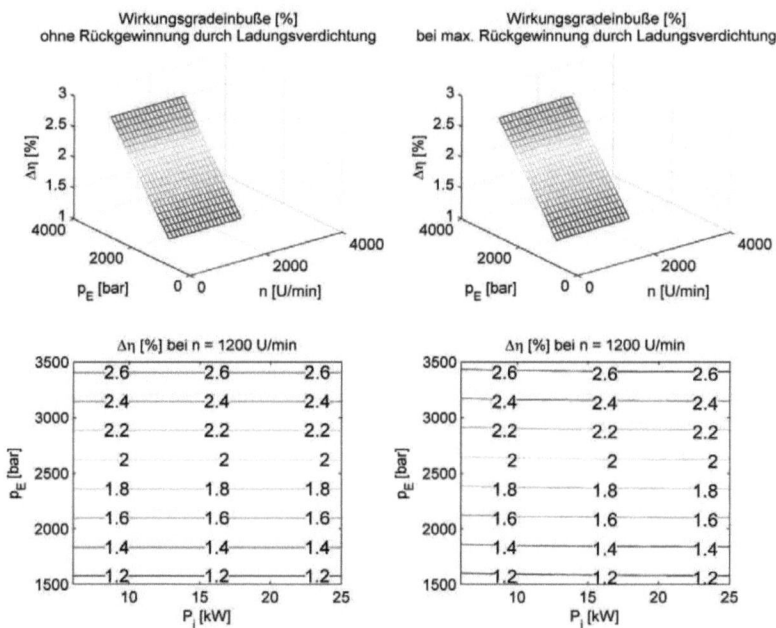

Abbildung 80: Wirkungsgradeinbuße durch Kraftstoffverdichtung

Bereits der Vergleich zwischen den sehr ähnlichen Kurvenverläufen in linker und rechter Spalte in Abbildung 80 zeigt, dass nahezu die gesamte von der Einspritzpumpe erbrachte Verdichtungsarbeit während der Einspritzung dissipiert.

6 Niedrigstemissions-Applikation im Kennfeld

In voranstehenden Kapiteln wurden die Einflüsse einzelner Brennverfahrensparameter auf Emission so gut als möglich getrennt voneinander betrachtet. Für die Applikation eines Serienmotors ist darüber hinaus Kenntnis über das Zusammenspiel von Brennverfahrensparametern wichtig. Optimale Parameterkombinationen sind dabei häufig vom Betriebspunkt des Motors abhängig. Das sehr ausgeprägte Zusammenspiel von Ladedruck und Abgasrückführrate bei Dieselmotoren wird in diesem Kapitel, zur besseren Vorstellung, anhand eines Fahrszenarios erörtert.

Ein Lastkraftwagen (Lkw) fährt dabei bei 25% Last in der Ortschaft stationär bei 50 km/h (Fahrsituation 1), bei Erreichen des Ortsausgangs erhöht der Fahrer die Gaspedalstellung auf 75 % Last (Fahrsituation 2), um nachfolgend mit dieser Gaspedalstellung auf 75 km/h zu beschleunigen (vgl. Abbildung 81).

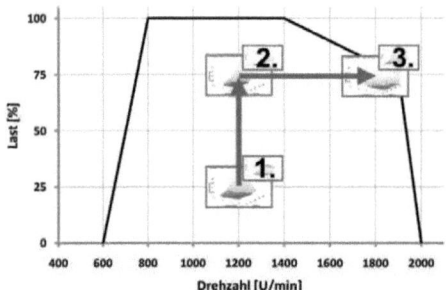

Abbildung 81: Fahrszenario im Kennfeld, Betriebspunkte 1, 2 und 3

Für jeden der drei Betriebspunkte des Fahrszenarios wurde am Forschungsmotor das Ladedruck-AGR-Zusammenspiel im Hinblick auf Stickoxid (NO_x) und Rußemission untersucht. Die Untersuchungen an Betriebspunkt 1 erfolgten bei 2000 bar Einspritzdruck und die der Hochlast-Betriebspunkte 2 und 3 bei 2200 bar. Der Einspritzdruck ist bewusst moderat gewählt, um Quereinflüsse aus beschriebenen Effekten bei 3000 bar Einspritzdruck auszuschließen.

Betriebspunkt 1 des Fahrszenarios

Der Betriebspunkt 1 des Fahrszenarios ist durch eine Drehzahl von n = 1200 U/min und einen indizierten Mitteldruck von p_{mi} = 10 bar gekennzeichnet. Abhängig von der AGR-Rate ergibt sich ein unterer Ladedruck an der Rußgrenze. Bei Unterschreiten dieses minimalen Ladedrucks würde die Ruß- und Partikelemission drastisch ansteigen. Um Messgeräte zu schonen, wurde im Prüfstandsbetrieb davon Abstand genommen.

Für diesen Niederlastpunkt zeigt sich, dass durch AGR-Raten von bis zu 30 % die Emission von NO_x effektiv gesenkt werden kann (vgl. Abbildung 82). Höhere AGR-Raten bewirken nur noch eine geringere NO_x-Senkung. Darüber hinaus ist klar ersichtlich, dass die Emission von Stickoxiden mit dem Ladedruck ansteigt. Die mit dem Ladedruck ansteigenden Zylinderdrücke sowie die höheren Sauerstoff-Partialdrücke sind hierfür verantwortlich. Zumindest aus Sicht der Stickoxidminimierung ist der Ladedruck nicht höher als für eine rußarme Verbrennung erforderlich zu wählen.

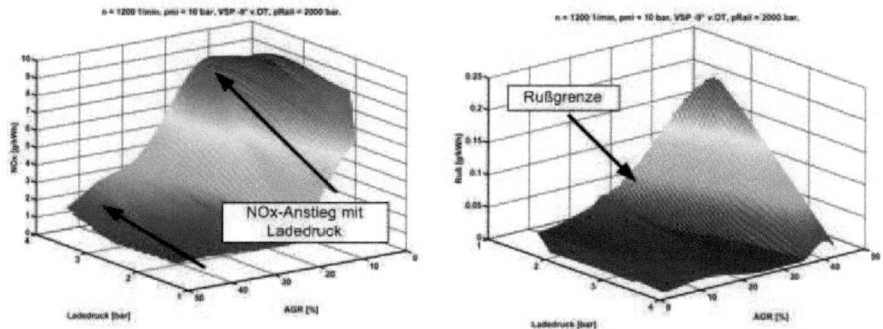

Abbildung 82: Emissionskennfelder für NO_x und Ruß am Betriebspunkt 1 (n = 1200 U/min, p_{mi} = 10 bar)

Hohe Ladedrücke und geringe AGR-Raten führen allgemein zu minimaler Rußemission. Da diese Parameter jedoch zu hoher NO_x-Bildung führen würden, ist ein möglichst guter Kompromiss zu finden.

Das Rußkennfeld in Abbildung 82 zeigt, dass sich in einem breiten Bereich für AGR und Ladedruck niedrige Rußemission darstellen lässt. Es existiert ein verhältnismäßig scharfer Übergang hin zu einem starken Anstieg der Rußemission. Hierbei ist mit steigender AGR-Rate auch ein höherer Ladedruck erforderlich, um ausreichend Sauerstoffüberschuß für eine rußarme Verbrennung bereit zu stellen.

Nachdem auch die Emissionskennfelder für die Betriebspunkte 2 und 3 des Fahrszenarios erörtert wurden, wird die optimale Wahl der Parameter AGR und Ladedruck für zugleich geringe Emission von Stickoxiden und Ruß behandelt.

Betriebspunkt 2 des Fahrszenarios

Der Betriebspunkt 2 des Fahrszenarios ist durch eine Drehzahl von n = 1200 U/min und einen indizierten Mitteldruck von p_{mi} = 20 bar gekennzeichnet. Im Gegensatz zu dem behandelten Niederlastpunkt ist im gesamten Bereich von Ladedruck und AGR bis zu 50% AGR eine stetige Minderung der NO_x-Emission durch höhere Abgasrückführraten zu erzielen (vgl. Abbildung 83).

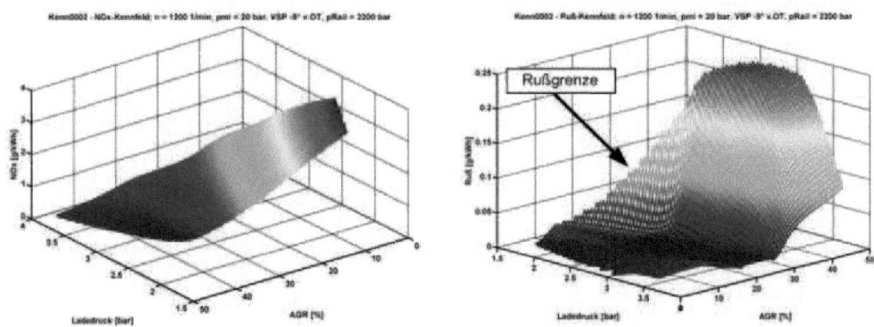

Abbildung 83: Emissionskennfelder für NO$_x$ und Ruß am Betriebspunkt 2 (n = 1200 U/min, p$_{mi}$ = 20 bar)

Der Verlauf des Rußkennfelds für den 75%-Lastpunkt 2 ist qualitativ mit dem Kennfeld für den Niederlastpunkt 1 zu vergleichen. Der nach wie vor scharfe Übergang von hoher zu minimaler Rußemission liegt für den höheren Lastpunkt jedoch bei höheren Ladedrücken und geringeren Abgasrückführraten.

Betriebspunkt 3 des Fahrszenarios

Der Betriebspunkt 3 des Fahrszenarios ist durch eine Drehzahl von n = 1800 U/min und einen indizierten Mitteldruck von p$_{mi}$ = 20 bar gekennzeichnet. Gegenüber Betriebspunkt 2 ist die Motordrehzahl um 50% angestiegen. Wie auch bei vorigem Betriebspunkt kann im gesamten Bereich von AGR und Ladedruck die Stickoxidemission durch Steigerung der AGR-Rate gesenkt werden (vgl. Abbildung 84).

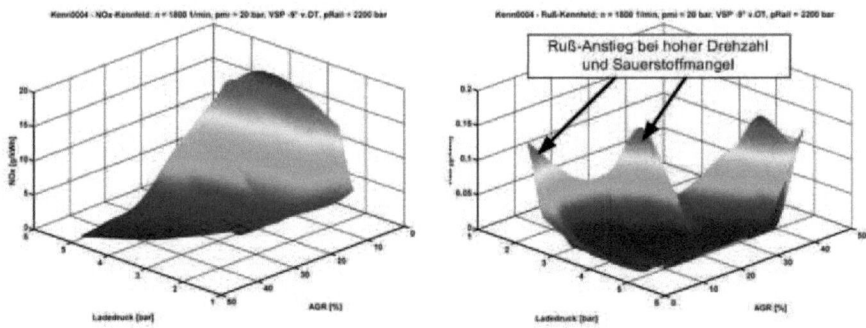

Abbildung 84: Emissionskennfelder für NO$_x$ und Ruß am Betriebspunkt 3 (n = 1800 U/min, p$_{mi}$ = 20 bar)

Das Rußkennfeld für den Betriebspunkt 3 (vgl. Abbildung 84) zeigt, anders als bei den Betriebspunkten 1 und 2 bei 1200 U/min, hohe Rußemission bei geringen AGR-Raten (5 – 25 %) in Kombination mit geringen Ladedrücken. Dies ist u.a. dadurch zu begründen, dass bei der höheren Drehzahl die Zeit für eine Rußnachoxidation sinkt.

Die dreidimensionalen Kennfelder zeigen für jeden der drei Betriebspunkte den qualitativen Einfluss von AGR und Ladedruck anschaulich. Eine Wahl der Ruß- und NO_x-optimalen Kombination von Ladedruck und AGR ist mit dieser Darstellung jedoch schwierig zu treffen.

Zur einfacheren Wahl einer optimalen Parameterkombination für die Einhaltung der EURO VI Emissionsgrenzwerte, werden die 3D-Kennfelder in 2D-Kennfelder mit einer sogenannten Grenzfarbendarstellung für die Emission gewandelt werden.

Dabei werden Bereiche, in denen die Stickoxidemission die EURO VI Grenze von 0,4 g/kWh unterschreitet, blau gefärbt. Im Rußkennfeld werden Bereiche, in denen die Rußemission die EURO VI Grenze für Partikel von 10 mg/kWh unterschreitet, ebenfalls blau gekennzeichnet. Bereiche, in denen die Emissionsgrenzen nicht eigehalten werden, sind rot.

Emissionskennfeld in Grenzfarbendarstellung für Betriebspunkt 1

An dem Niederlastbetriebspunkt 1 wird im Bereich von AGR-Raten um 38% bei einem Ladedruck von knapp 2,5 bar absolut die EURO VI Grenze für Stickoxide von 0,4 g/kWh eingehalten (vgl. blauen Bereich in Abbildung 85). Der maßgebliche Rest des Kennfelds ist rot und bedeutet, dass an diesen Punkten die Stickoxidemission über 0,4 g/kWh liegt. Dieser Bereich ist für eine EURO VI Applikation zu vermeiden.

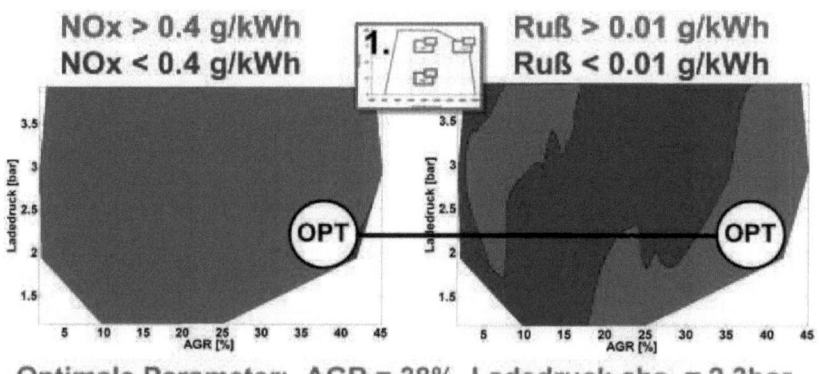

Abbildung 85: Emissionskennfeld für Betriebspunkt 1 in Grenzfarbendarstellung

Eine Rußemission unter 0,01 g/kWh wird zwar in einem breiteren Kennfeldbereich erreicht, jedoch sind hier die Stickoxidemissionen zu hoch. Abbildung 85 zeigt, dass für den Betriebspunkt 1 keine

AGR-Ladedruck-Kombination gefunden wurde, an der die gewählten Grenzen für Ruß und Stickoxide eingehalten werden konnten. Es lässt sich jedoch ein schmaler, optimaler Bereich finden, in dem sehr gute Werte erzielt werden können (vgl. OPT in Abbildung 85). Hierfür sollte bei einem Ladedruck von ca. 2,3 bar eine AGR-Rate von 38 % eingestellt werden.

Emissionskennfeld in Grenzfarbendarstellung für Betriebspunkt 2

Für den Betriebspunkt 2 gilt Ähnliches wie für den Betriebpunkt 1, wobei die geringste Stickoxid-Emission bei etwas höheren Abgasrückführraten (ca. 40%) und Ladedrücken (ca. 3 bar abs.) erreicht wird.

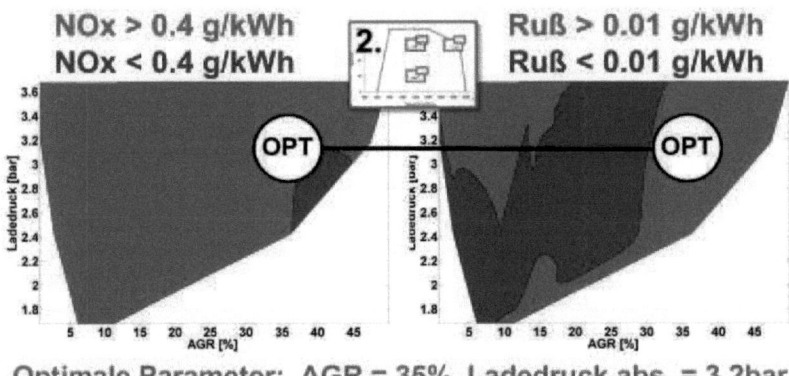

Abbildung 86: Emissionskennfeld für Betriebspunkt 2 in Grenzfarbendarstellung

Auch an diesem Betriebspunkt wird keine AGR-Ladedruck-Kombination gefunden, an der die Ruß- und NO_x-Grenzwerte gleichzeitig eingehalten werden. Die hinsichtlich eines guten Kompromisses zwischen NO_x und Ruß optimale Parameterkombination wird wie bei dem Niederlastpunkt 1 bei knapp 40% AGR jedoch bei einem höheren Ladedruck von 3.2 bar erreicht. Durch den höheren Ladedruck wird der größeren Einspritzmenge am Lastpunkt 2 Rechnung getragen.

Emissionskennfeld in Grenzfarbendarstellung für Betriebspunkt 3

Ausgehend vom Lastpunkt 2 wurde bei konstantem Mitteldruck die Drehzahl von 1200 auf 1800 U/min bei Lastpunkt 3 gesteigert. Es zeigt sich ein erheblicher Drehzahleinfluss im Stickoxid-Kennfeld. EURO VI Werte für Stickoxide werden nach wie vor bei AGR-Raten von ca. 40 %, jedoch nun bei deutlich höheren Ladedrücken von ca. 4,5 bar eingehalten (vgl. Abbildung 74).

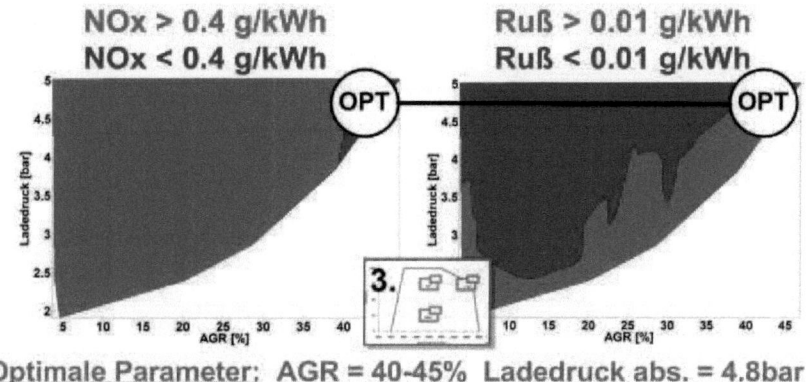

Abbildung 87: Emissionskennfeld für Betriebspunkt 3 in Grenzfarbendarstellung

Wie auch an den Betriebspunkten 1 und 2 können Grenzwerte für Ruß und NO_x nicht gleichzeitig unterschritten werden. Allerdings wird durch eine Kombination von ca. 45% AGR und ca. 5 bar Ladedruck sehr geringe Emission bei Ruß und NO_x realisiert. Der Ladedruck-Bedarf ist hierbei mit 5 bar erheblich.

Realisierung optimaler Applikationseinstellungen im Nutzfahrzeug bei Realbetrieb

Für einen Serienmotor wäre eine mehrstufige (zwei- oder dreistufige) Aufladung sinnvoll. Mit dieser Aufladung steigt auch der Kühlbedarf für die Ladeluft erheblich an. Immer größere Anteile der Stirnfläche des mit einer derartigen Aufladung ausgestatteten Nutzfahrzeugs würden für die Anströmung der Ladeluftkühler vereinnahmt. Dies kann besonders bei Bussen mit großen Frontscheiben eine Schwierigkeit darstellen.

Bei Übergang von der stationären Ortsdurchfahrt am Betriebspunkt 1 zum Beginn der Beschleunigung am Ortsausgang am Betriebspunkt 2 sollte der Ladedruck zusammen mit der steigenden Einspritzmenge rasch ansteigen. Die Trägheit des Systems Turbolader stellt hierbei die begrenzende Größe dar. Es besteht die Gefahr eines Rußstoßes. Diese Gefahr kann durch ein rampenartiges Steigern der Einspritzmenge bei Beschleunigungswunsch des Fahrers zusammen mit einem kleinen, schnell ansprechenden Turbolader gesenkt werden. Für die Vollastfähigkeit der Turbine sind hierbei ggf. ein Waste Gate oder ein weiterer Turbolader, der über ein Ventil parallel zu dem kleinen Turbolader durchströmt werden kann, erforderlich.

Während der Beschleunigungsfahrt von Betriebspunkt 2 zu 3 steigt bei konstanter Last die Motordrehzahl zusammen mit der Fahrgeschwindigkeit moderat an, wobei deutlich geringere Dynamikanforderungen an die Aufladung gestellt werden als bei einer schlagartigen Beschleunigung aus dem Niederlastbereich heraus. AGR-Rate und Ladedruck können während der Beschleunigungsfahrt langsam mit angehoben werden.

Zusammenfassend wird zur Realisierung eines Niedrigstemissions-Brennverfahrens ein mit Drehzahl und Last steigender Bedarf an Ladedruck festgestellt. Die Aufladegruppe sollte hinsichtlich Dynamik so ausgelegt werden, dass Verzögerungen zwischen einer Steigerung der Einspritzmenge und des folgenden Ladedruckanstiegs kurz ausfallen. Das Abgasrückführsystem ist so auszugestalten, dass AGR-Raten von bis zu 50% realisiert werden können. Hierfür sind Flatterventile, mit der Nockenwelle synchronlaufende, schnelle Ladeluftventile und Venturi-Zumischstellen förderlich. Auch AGR-Pumpen sind denkbar, jedoch aufwändig und verschmutzungsanfällig.

7 Untersuchungen zur Rußbildung während der Verbrennung

Mit dem Ziel, die Rußbildung in Verbrennungsmotoren genauer zu erforschen und ein besseres Verständnis der Rußbildungsvorgänge zu erlangen, um durch ein geeignetes Brennverfahren rußoptimal zu verbrennen, erfolgten umfangreiche Untersuchungen im Bereich Rußbildung. Hierbei wurden mit einer neuen Brennraum-Entnahmesonde aus dem Brennraum und mit herkömmlichen Rußsammlern aus dem Abgasstrom Rußproben für eine nachfolgende Analyse entnommen.

7.1 Analysemethoden für Ruße

Untersuchte Ruße wurden am Lehrstuhl für Mikrocharakterisierung der Universität Erlangen mit nachfolgend beschriebenen Verfahren analysiert.

7.1.1 Hochauflösende Transmissionselektronenmikroskopie (HRTEM)

Zweidimensionale Abbildungen von Rußproben können mittels Transmissionselektronenmikroskopie in hoher Auflösung generiert werden. Zu Grunde liegt ein Messverfahren, bei dem ein dünnes Rußpräparat mittels hochenergetischer, gebündelter Elektronen beschossen wird. Nach Durchgang und Wechselwirkungen des Elektronenstrahls mit der Probe werden die von einem Objektpunkt u.a. infolge Beugung und elastischer Streuung in verschiedene Richtungen laufenden Strahlen von einem Objektiv auf einen Punkt einer sogenannten Zwischenbildebene abgebildet. Als Linsen dienen entsprechende Spulenpakete. Zwischen- und Projektivlinsen weiten den Strahl nachfolgend wieder, wodurch eine hohe Endvergrößerung auf der Bildebene erreicht wird. Eine CCD-Kamera ermöglicht Aufnahmen von der Bildebene. (vgl. Abbildung 88)

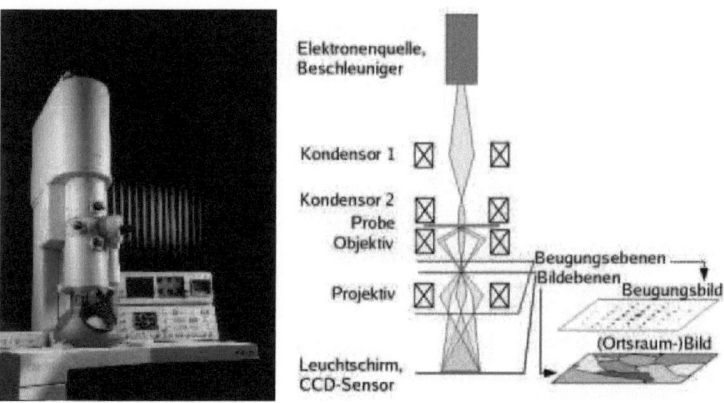

Abbildung 88: li: HRTEM Philips CM 300 UT am IMC [IMC2010], re: Strahlengang in einem TEM [WIK2010a]

In dem dieser Arbeit zu Grunde liegenden Forschungsprojekt wurden alle TEM-Untersuchungen vom Lehrstuhl für Mikrocharakterisierung der Universität Erlangen durchgeführt. Hierfür diente ein TEM „CM 300 UT" des Herstellers Philips, das eine maximale Beschleunigungsspannung von 300 KV und eine Punktauflösung von 0,172 nm (Scherzer Fokus) ermöglicht. Abbildung 89 zeigt ein in höchstmöglicher Auflösung aufgenommenes Bild von Rußpartikeln. Die hohe Bildauflösung zeigt Struktur und Morphologie sowie Mikro-Morphologie der Rußpartikel deutlich.

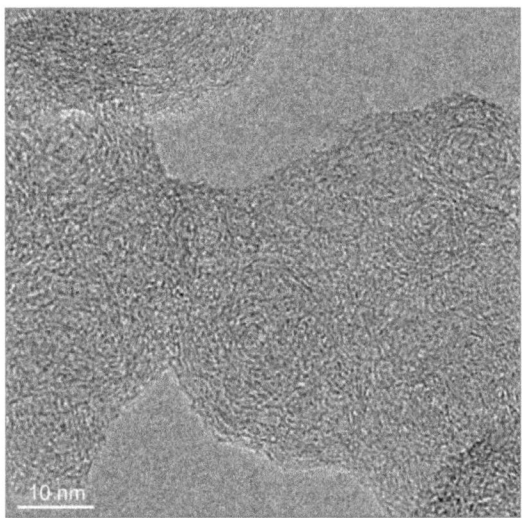

Abbildung 89: TEM-Beispielbild von Rußpartikeln, aufgenommen mit Philips TEM CM 300 UT, Quelle: IMC Universität Erlangen [MAC2009a]

7.1.2 ELEKTRON-ENERGIEVERLUST-SPEKTROSKOPIE (EELS)

Das verwendete Elektronenmikroskop Philips CM 300 UT ist zusätzlich mit einem Energieverlust-Spektrometer ausgestattet, das es erlaubt, für verschiedene Stellen der Rußprobe Spektren des Elektronenenergieverlusts (EELS) bei Durchstrahlung im TEM aufzunehmen. Der gemessene Energieverlust der durchstrahlenden Elektronen wird infolge inelastischer Streuungen an der Probe hervorgerufen. Er ist charakteristisch für die unterschiedlichen Bindungs- bzw Hybridisierungszustände des Kohlenstoffs in den untersuchten Rußpartikeln. Abbildung 90 zeigt ein charakteristisches EEL-Spektrum einer Rußprobe.

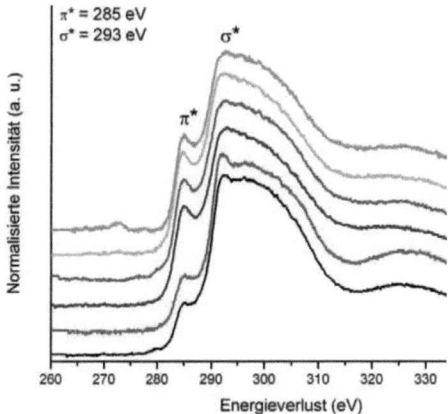

Abbildung 90: EEL-Spektrum einer Rußprobe [PFL2010a]

Das Maß der Ausprägung des π*-Peaks bei 285 eV Energieverlust ist ein Indiz für die Häufigkeit von sp^2 hybridisiertem Kohlenstoff. Das Vorkommen von sp^3 hybridisiertem Kohlenstoff zeigt sich hingegen entsprechend der Ausprägung des σ*-Peaks bei 293 eV Energieverlust.

Kohlenstoff in sp^2-Struktur wird als Graphit bezeichnet. Hierbei handelt es sich im Allgemeinen um aromatischen Kohlenstoff in einem Graphenschichten-Aufbau.

Unter der Bezeichnung **Diamant** ist sp^3 hybrisisierter Kohlenstoff bekannt. Seine typischen dreidimensionalen Strukturen sind mit zahlreichen Fehlstellen durchsetzt.

7.2 Charakterisierungsverfahren für Ruße auf Basis von TEM-Bildern

Für die Auswertung von hochauflösenden TEM-Aufnahmen von Rußpartikeln sowie mittel-hochauflösende TEM-Bilder von Rußagglomeraten kamen im Rahmen dieser Arbeit folgende Verfahren zur Anwendung.

7.2.1 Mittlerer Partikeldurchmesser

Der Durchmesser von **Primärpartikeln** wird anhand von TEM-Aufnahmen bestimmt, indem einige Partikel der Rußagglomerate direkt auf einem Bild das Agglomerats vermessen werden. Dabei ist darauf zu achten, dass der Partikeldurchmesser von mehreren Partikeln bestimmt wird. So erfolgt eine Art Mittelwertbildung über die vermessenen Rußpartikel.

7.2.2 Fraktale Dimension

Viele der gebräuchlichsten Geometrien und Strukturen lassen sich mit der klassischen euklidischen Theorie beschreiben. Die **euklidische Geometrie** geht auf den griechischen Mathematiker Euklid zurück und basiert auf Grundelementen wie Linien, Dreiecken, Kugeln, Kreisen, Kegeln oder Würfeln. Es existieren jedoch Geometrien von derart komplexer Gestalt, dass diese nach der euklidischen Theorie nicht ausreichend beschrieben werden können. Zu diesen Ausnahmen gehören Fraktale, die häufig bei Rußagglomeraten anzutreffen sind. Der 1975 von Benoit Mandelbrot geprägte Begriff fraktal ist von dem lateinischen Adjektiv „fractus" = in Stücke gebrochen abgeleitet. Mittels der fraktalen Dimension können über das Maß der Dimension äußerst komplexe Geometrien und Strukturen, wie die von Rußagglomeraten, beschrieben werden. Dabei ist eine nicht ganzzahlige Dimension ein hinreichendes Erkennungsmerkmal von Fraktalen, klassische Geometrien wie beispielsweise ein Kreis weisen eine Dimension von eins auf.

Es stehen verschiedene Verfahren zur Bestimmung der Fraktalen Dimension zur Verfügung, bei den vorliegenden Bildern eignet sich die sogenannte Boxcounting-Methode besonders. Dabei wird über ein Bild der zu untersuchenden Rußstruktur ein Gitternetz mit der Maschenweite s gelegt (vgl. Abbildung 91) und anschließend sämtliche Boxen gekennzeichnet, die durch Grenzflächen des Fraktals berührt oder geschnitten werden.

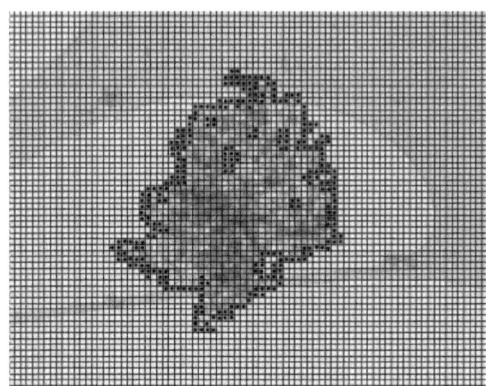

Abbildung 91: Erläuterungsbeispiel: TEM-Bild mit Gitternetz (Maschenweite s) zur Bestimmung der von Agglomeratgrenzen berührten und geschnittenen Boxen, Quelle: IMC Universität Erlangen [MAC2009a]

Dies erfolgt bei der Auswertung der vorliegenden Rußstrukturen sowohl an den Rändern der Agglomerate als auch im Inneren dieser, da die fraktale Dimension in diesem Fall Auskunft über die Kompaktheit bzw. Kettenförmigkeit der gesamten Struktur geben soll und nicht nur über die Gestalt der Grenzflächen. Ferner ist darauf zu achten, dass s deutlich kleiner als die lineare Dimension des zu untersuchenden Fraktals gewählt wird, da ansonsten die Struktur des Fraktals nicht detailliert erfasst werden kann und somit keine exakten Ergebnisse erwartet werden können. Im Folgenden wird die Maschenweite s des Gitternetzes verdoppelt und erneut die Anzahl der Boxen bestimmt, die durch Grenzflächen des Fraktals berührt oder geschnitten werden.

Abbildung 92: Erläuterungsbeispiel: TEM-Bild mit Gitternetz (Maschenweite 2s) zur Bestimmung der von Agglomeratgrenzen berührten und geschnittenen Boxen, Quelle: IMC Universität Erlangen [MAC2009a]

Mehrmals wird die Maschenweite verdoppelt und die Anzahl der berührten sowie geschnittenen Boxen ermittelt. Die Ergebnisse in Form der Anzahl geschnittener bzw. berührter Boxen N_k für die jeweilige Maschenweite s_k (k = 1, 2, 3 ...) werden in einem doppelt logarithmischen Diagramm (vgl. Abbildung 93) über dem Kehrbruch der Maschenweite aufgetragen und im Weiteren die Ausgleichsgeraden der Punkte bestimmt. Die Steigung m der Geraden im Diagramm entspricht schließlich der fraktalen Dimension der untersuchten Struktur und kann einfach aus der Geradengleichung entnommen werden.

$$Fraktale\ Dimension = m = \frac{\lg(N_{k+1}) - \lg(N_k)}{lg(^1/_{s_{k+1}}) - lg(^1/_{s_k})} \qquad (7.1)$$

Folgendes Diagramm zeigt für das vorangegangene Beispiel zur Erläuterung eine grafische Ermittlung der fraktalen Dimension als „Geradensteigung" m (vgl. Abbildung 93).

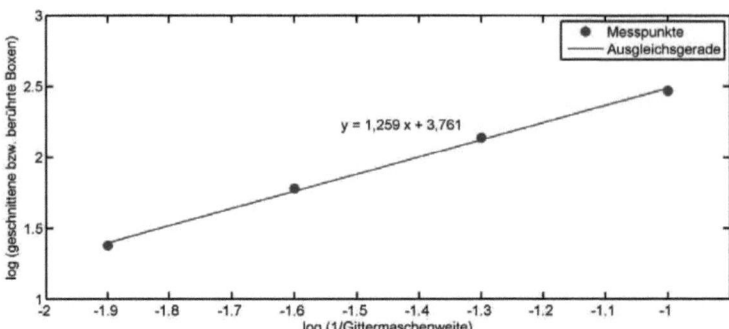

Abbildung 93: Erläuterungsbeispiel: Graphisch-rechnerische Ermittlung der fraktalen Dimension als Geradensteigung

Die minimalen Streuungen um die Ausgleichsgerade bestätigen eine sinnvolle Wahl für die Netzweiten des Gitternetzes beim Auswerten der fraktalen Dimension.

Eine fraktale Dimension von eins ist dabei kennzeichnend für sehr kompakte Agglomerate. Je zerklüfteter, „löchriger" und kettenförmiger die Agglomerate werden, desto weiter steigt deren Dimension über den Wert eins hinaus. Während das für eine Nachoxidation maßgebliche Oberfläche-Volumen-Verhältnis bei kompakten Agglomeraten eher gering ist, steigt dieses mit dem Grad an Kettenförmigkeit und Zerklüftung der Agglomerate zusammen mit der fraktalen Dimension an. Dementsprechend liefert die fraktale Dimension eine Aussage über das Oberfläche-Volumen-Verhältnis eines Agglomerats und folglich dessen Eignung für einen Oxidationsprozess. Für eine Oxidation von Rußpartikeln in einem Partikelfilter oder Partikelkatalysator ist eine hohe fraktale Dimension anzustreben.

7.3 ANALYSE VON RUßPROBEN AUS DEM BRENNRAUM EINES DIESELMOTORS

Mit dem Ziel, die Rußbildung in direkteinspritzenden Dieselmotoren genauer zu untersuchen, wurde mit einer im Kapitel 3.2 „Entwicklung und Auslegung einer Brennraum-Entnahmesonde" detailliert beschriebenen Entnahmesonde in zeitlich hoher Auflösung (genauer 1 ms) Rußproben aus dem Brennraum des für die Untersuchungen verwendeten Forschungsmotors entnommen.

7.3.1 ENTNAHMEVERFAHREN

Durch das neuartige Einschussverfahren der Entnahmesonde konnten Rußproben direkt aus dem Flammenkern entnommen und gleichzeitig die Beeinflussung des Einspritzstrahls auf ein Minimum reduziert werden. Nach der Entnahme einer Probe wurde diese auf ein mit löchrigem Kohlefilm bedampftes, kleines Kupfernetzchen übertragen, das bei den nachfolgenden Untersuchungen der Probe direkt im Probenhalter des verwendeten TEM aufgenommen werden konnte.

7.3.2 MOTORBETRIEBSPUNKT WÄHREND DER BRENNRAUMENTNAHMEN

Für die Entnahme von Brennraumproben wurde ein Motor-Betriebspunkt von 30% Last bei einer Drehzahl von 600 U/min gewählt (vgl. Tabelle 28).

Drehzahl	600 U/min
Indizierter Mitteldruck	10 bar
Last	30%
Ladedruck	1,6 bar
AGR	20%
Einspritzdruck	2000 bar

Tabelle 28: Motor-Betriebspunkt bei Brennraum-Entnahme (Rußprobenreihe II)

7.3.3 ENTNAHMEZEITEN

Die Entnahmezeitpunkte für die einzelnen Proben werden so gewählt, dass die zeitliche Auflösung während der Verbrennung sehr fein ist, um bei der folgenden Analyse möglichst detaillierte Aussagen über die Rußbildung treffen zu können (vgl. vertikale Linien in Abbildung 94). Zwei Hintergrundmessungen kurz vor Einspritz- bzw. Brennbeginn dienen dazu, über die AGR-Strecke verschleppte Partikel vorangegangener Arbeitsprozesse zu identifizieren. Da sich die Struktur „junger" Rußpartikel deutlich von der von Abgasruß-Proben unterscheidet, kann während der TEM-Untersuchungen - mit Kenntnis der bei der Hintergrundmessung entnommenen Proben – junger Ruß von über die AGR-Strecke verschlepptem Ruß unterschieden werden.

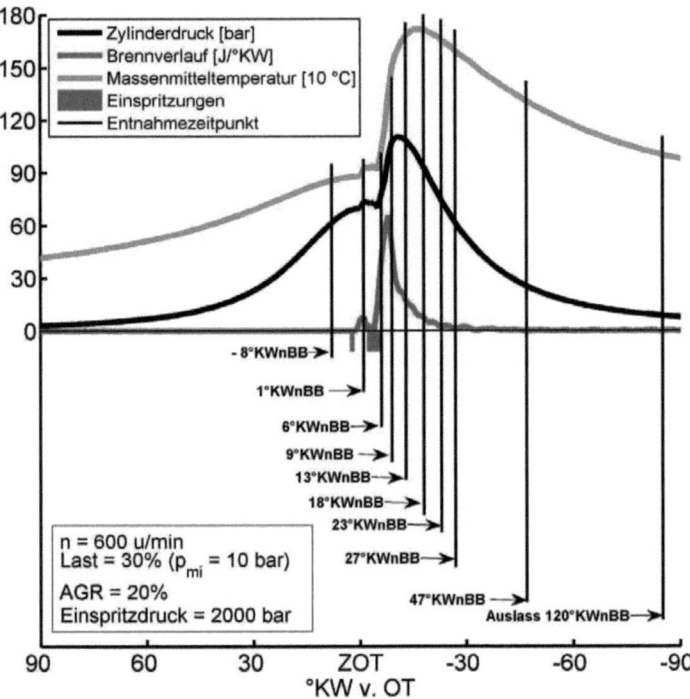

Abbildung 94: Druck-, Brenn-, Temperaturverlauf und Entnahmezeiten bzgl. Brennbeginn

Von den entnommenen Proben werden TEM-Bilder in Hochauflösung angefertigt. Die nachfolgend präsentierten Ergebnisse basieren auf diesen TEM-Aufnahmen. Alle Entnahmezeitpunkte beziehen sich auf den Beginn der Vorverbrennung.

7.3.4 RUßPROBEN KURZ VOR BRENNBEGINN ENTNOMMEN
Bei vorliegender Versuchsreihe zeigte sich, dass in vorliegendem Fall keine nennenswerten Mengen an Ruß über die AGR-Strecke verschleppt wurden. Dies erleichtert dem Analysator der Proben die Arbeit, da dieser leichter Primärruß, der kurz vor der Probennahme gebildet wurde, findet.

7.3.5 RUßPROBE 1 °KW NACH BRENNBEGINN ENTNOMMEN

Die erste Probenentnahme nach Brennbeginn erfolgte 1 °KW nach dem Beginn der Vorverbrennung. Zu diesem frühen Entnahmezeitpunkt wurden hochkompakte Agglomerate gefunden (vgl. Abbildung 95).

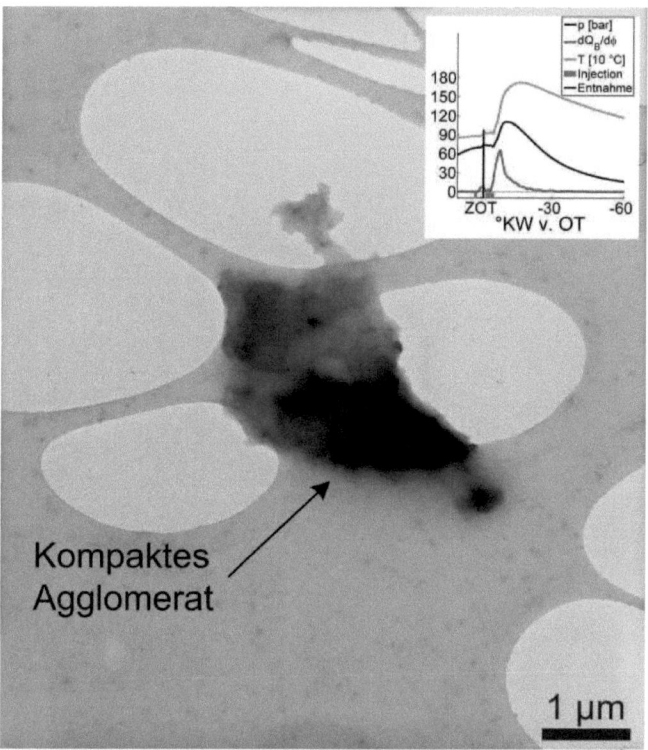

Abbildung 95: TEM-Aufnahme: Rußprobe 1 °KWnBB entnommen, erste kompakte Agglomerate [PFL2010a]

Die Auswertung der fraktalen Dimension dieser Probe ergibt eine FD = 1,028, womit dieses kompakte und kaum verzweigte Agglomerat nahezu wie ein Kreis (FD_{Kreis} = 1,0) bzw. Oval skaliert.

Die Probe selbst war möglicherweise mit unverbranntem Kraftstoff, der zu diesem, frühen Entnahmezeitpunkt mit entnommen wurde, kontaminiert. Da sich kontaminierte Bereiche der Probe beim Fokussieren des Elektronenstrahls im TEM verändern und die Gefahr bestand, dass Kraftstoff abdampft und das TEM verunreinigt bzw. beschädigt, musste ein Kühlhalter zur Aufnahme dieser Proben verwendet werden. Dieser wurde während der Untersuchung zur Probenkühlung mit flüssigem Stickstoff durchströmt. So konnte die Probe und deren

Kontamination mit Kraftstoff eingefroren werden. Es ergab sich lediglich der Nachteil, dass die Probe im Kühlhalter aufgrund dessen Größe nur in einem weniger hoch auflösenden TEM untersucht werden konnte als nachfolgende, nicht kontaminierte Proben.

In höherer Vergrößerung sind erste, sich in der Bildungsphase befindliche Rußteilchen (Nanopartikel) zu finden (vgl. Abbildung 96).

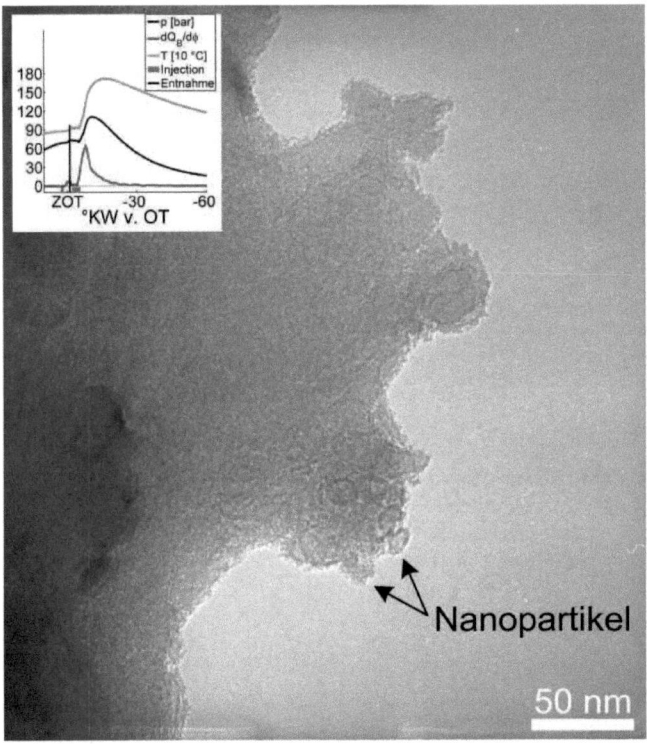

Abbildung 96: TEM-Aufnahme: Rußprobe 1 °KWnBB entnommen, erste Nanopartikel [PFL2010a]

7.3.6 Rußprobe 6 °KW nach Brennbeginn entnommen

Wie bereits bei der vorherigen, 1 °KW nach Brennbeginn entnommenen Probe, zeigt eine weitere, 6 °KW nach Beginn der Verbrennung entnommene Probe ebenfalls kompakte Agglomerate (vgl. Abbildung 97). Auch in diesem Fall musste aufgrund vorhandener Kontamination ein gekühlter Probenhalter für die Untersuchungen im TEM eingesetzt werden.

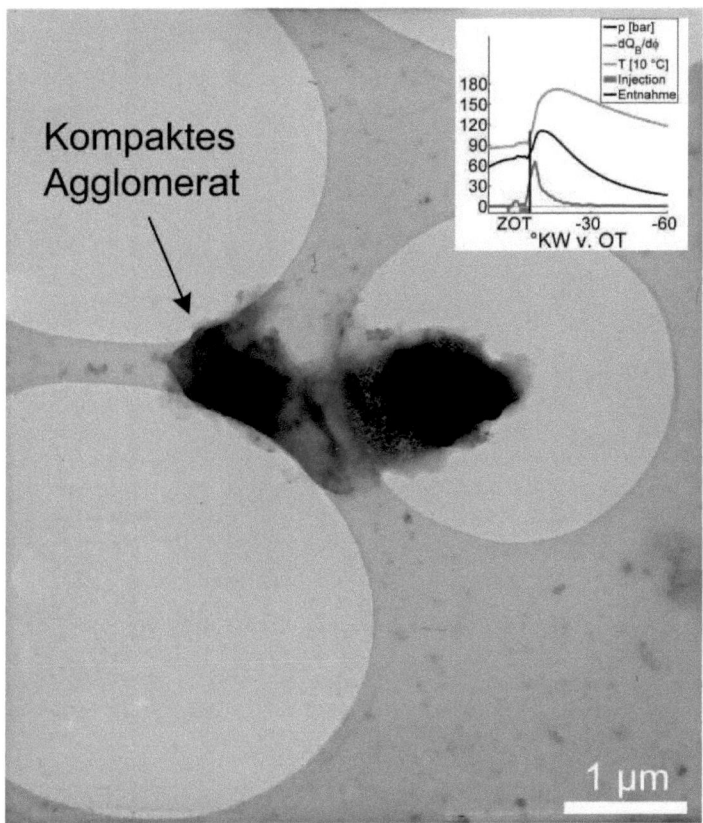

Abbildung 97: TEM-Aufnahme: Rußprobe 6 °KWnBB entnommen, kompakte Agglomerate [PFL2010a]

In hoher Auflösung sind noch immer junge Partikel zu finden (vgl. Abbildung 98). Gegenüber der 1 °KWnBB entnommenen Probe ist ein Wachstum der Partikel festzustellen.

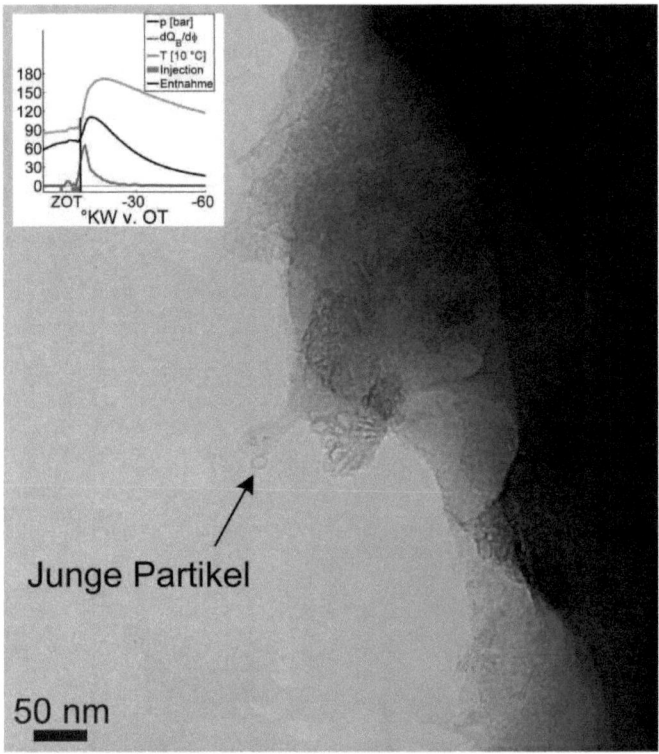

Abbildung 98: TEM-Aufnahme: Rußprobe 6 °KWnBB entnommen, junge Partikel [PFL2010a]

Alle zu späteren Zeitpunkten der Verbrennung entnommenen Rußproben sind frei von störenden Kontaminationen und können so ohne Kühlhalter in einem hochauflösenden TEM mikroskopiert werden.

7.3.7 Rußprobe 7 °KW nach Brennbeginn entnommen

Erste Rußprimärpartikel werden bei einer 7 °KW nach Beginn der Verbrennung entnommenen Probe gefunden. Dabei handelt es sich um verhältnismäßig kompakte Agglomerate, die jedoch bereits weniger kompakt als die 1 °KWnBB entnommene Probe sind. Derartige Agglomerate unterscheiden sich jedoch noch immer deutlich von den verzweigten und zerklüfteten Rußpartikeln, die bei Rußentnahmen aus dem Abgasstrom üblicherweise vorliegen. Für das 7 °KWnBB entnommene Agglomerat wurde eine fraktale Dimension von FD = 1,041 ermittelt. Gegenüber der vorigen Probe ist die FD geringfügig angestiegen.

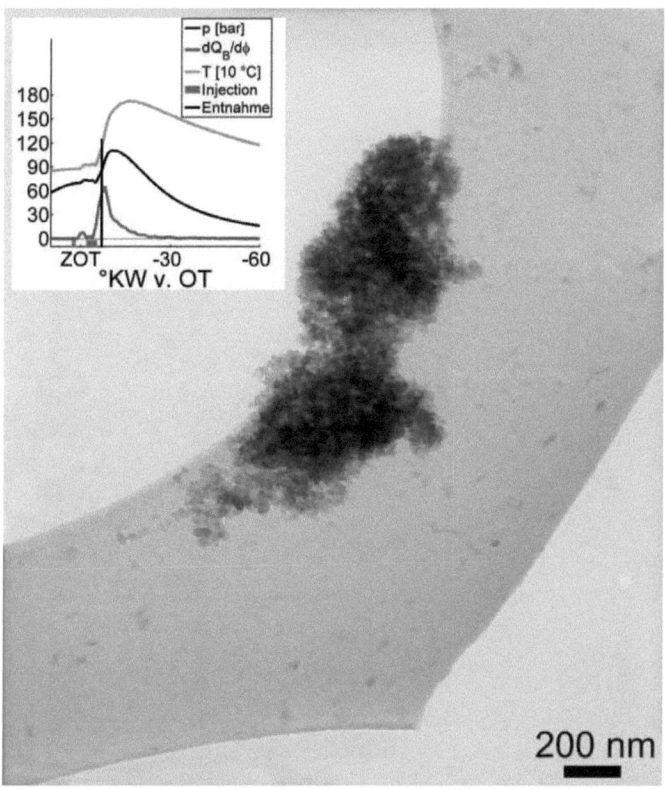

Abbildung 99: TEM-Aufnahme: Rußprobe 7 °KW nBB entnommen, Agglomerat [PFL2010a]

In Hochauflösung können bei dieser Probe erste Primärpartikel sichtbar gemacht werden (vgl. Abbildung 100). EELS Untersuchungen zeigen anhand der Hybridisierungs-Zustände des Kohlenstoffs, dass diese Primärpartikel 7 °KW nach Brennbeginn noch unvollständig ausgebildet sind. Es finden sich bereits vermehrt gekrümmte Graphenschichten. Derartige Ruß-Primärpartikel bestehen aus einem Kern und einer äußeren Schale in sogenannter „Zwiebelstruktur". Die Schale besteht aus Graphitlamellen, die den Kern konzentrisch umschließen. Die einzelnen Schichten der Graphitlamellen sind aus Kohlenstoffpaketen aufgebaut.

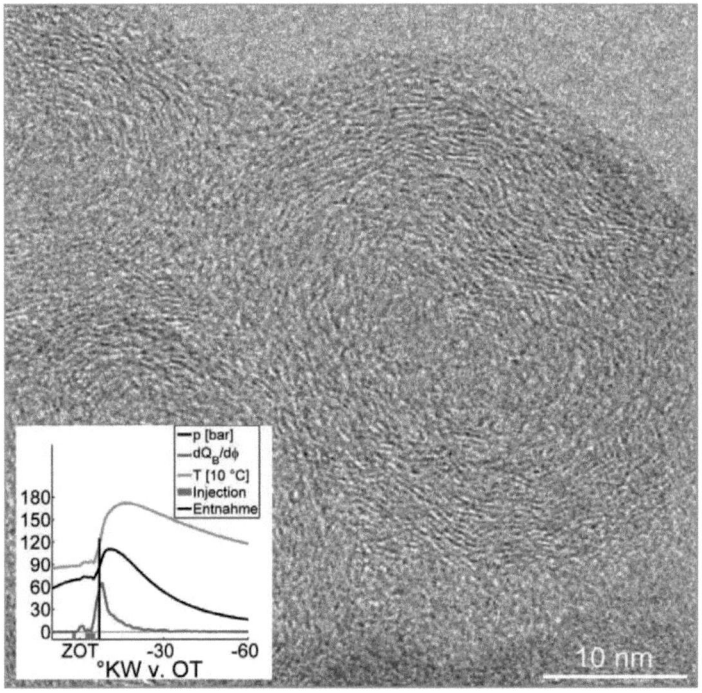

Abbildung 100: TEM-Aufnahme: Rußprobe 7 °KWnBB entnommen, Primärpartikel [PFL2010a]

7.3.8 Rußprobe 9 °KW nach Brennbeginn entnommen

Der Grad an Zerklüftung nimmt von der vorangegangenen zu dieser, 9 °KWnBB entnommenen Probe weiter zu (vgl. Abbildung 101). Partikelagglomeration sowie Nachoxidationseffekte erklären diesen, während der Verbrennung voranschreitenden Zerklüftungsprozess, dem die Rußagglomerate unterliegen. Für das vorliegende Agglomerat wurde eine fraktale Dimension von FD = 1,109 ermittelt.

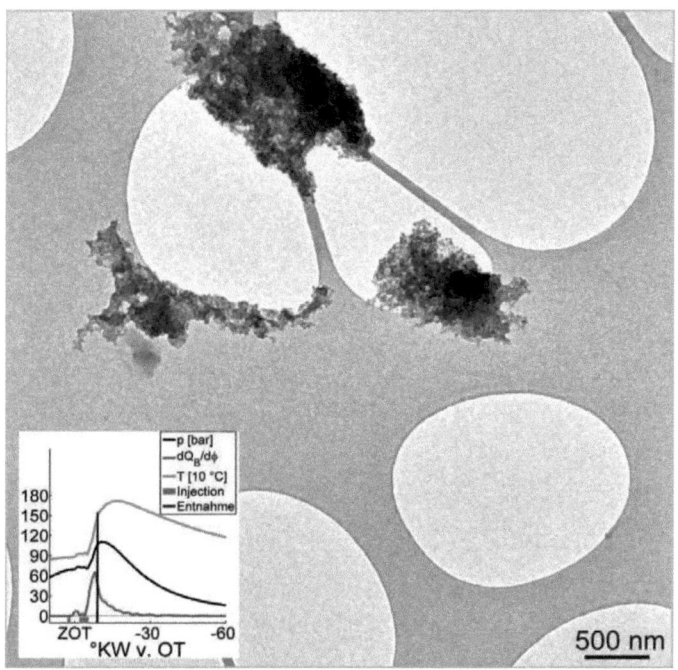

Abbildung 101: TEM-Aufnahme: Rußprobe 9 °KWnBB entnommen, Rußagglomerate [PFL2010a]

In Hochauflösung sichtbare Rußpartikel sind gegenüber der vorangegangenen Probe geringfügig gewachsen. Sie weisen bereits mehrere Fehlstellen und erhöhte Oberflächenrauheit infolge von vermutlich Nachoxidation auf.

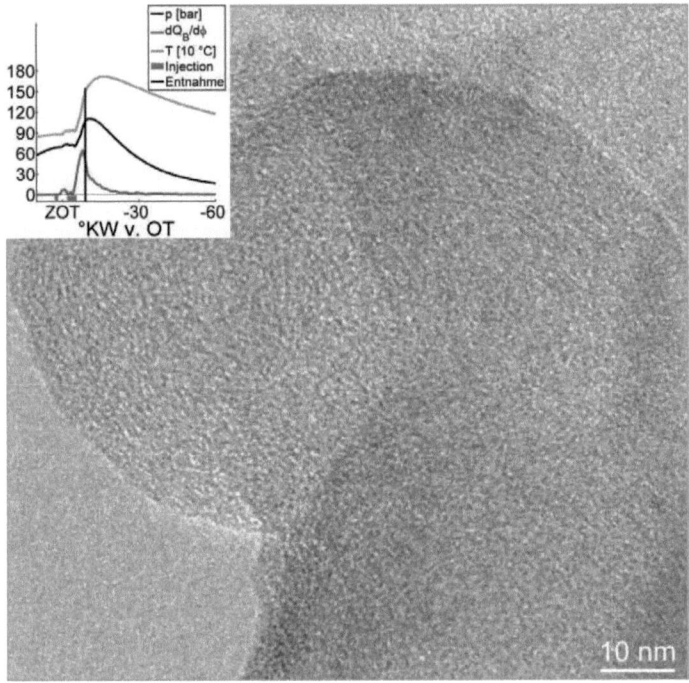

Abbildung 102: TEM-Aufnahme: Rußprobe 9 °KW nBB entnommen, Primärpartikel [PFL2010a]

7.3.9 Rußprobe 18 °KW nach Brennbeginn entnommen

Partikelagglomeration und Nachoxidations-Phänomene führen, wie bei den früher entnommenen Proben, zu einer weiteren Zunahme der Zerklüftung der Agglomerate (vgl. Abbildung 103).

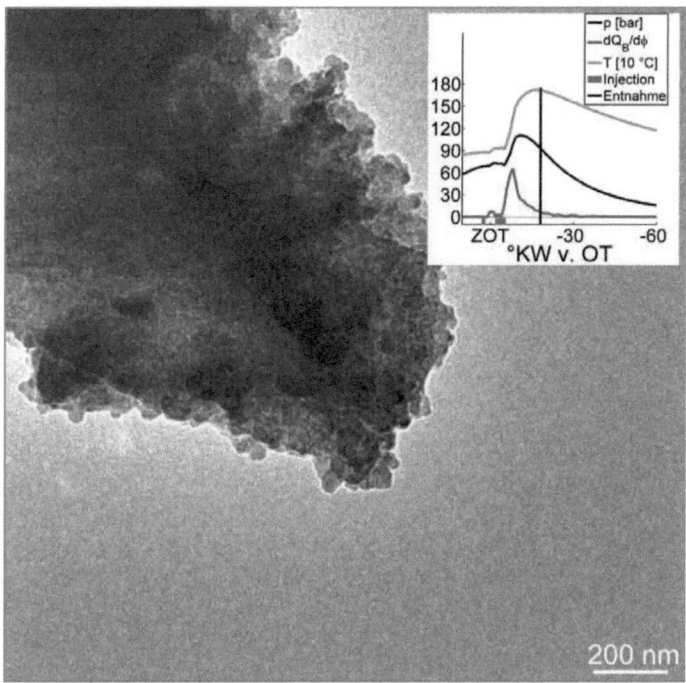

Abbildung 103: TEM-Aufnahme: Rußprobe 18 °KWnBB entnommen, Rußagglomerat [PFL2010a]

Anlagerungsprozesse während der Verbrennung führen zu einem weiteren Wachstum der Partikel. Die Häufigkeit von Defekten und Fehlstellen an der Oberfläche ist zusammen mit der Oberflächenrauheit durch eine voranschreitende Nachoxidation angewachsen.

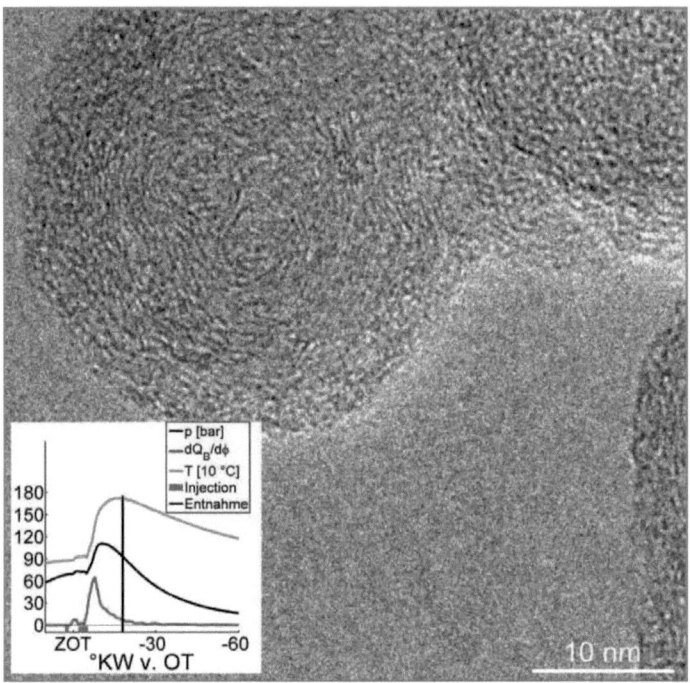

Abbildung 104: TEM-Aufnahme: Rußprobe 18 °KWnBB entnommen, Primärpartikel [PFL2010a]

7.3.10 Rußprobe 23 °KW nach Brennbeginn entnommen

Gegenüber „jüngeren" Agglomeraten finden sich auf einer 23 °KWnBB entnommenen Probe stark zerklüftete, kettenförmige Agglomerate (vgl. Abbildung 105). Dies ist ein Zeichen für bereits weiter fortgeschrittene Nachoxidations-Prozesse.

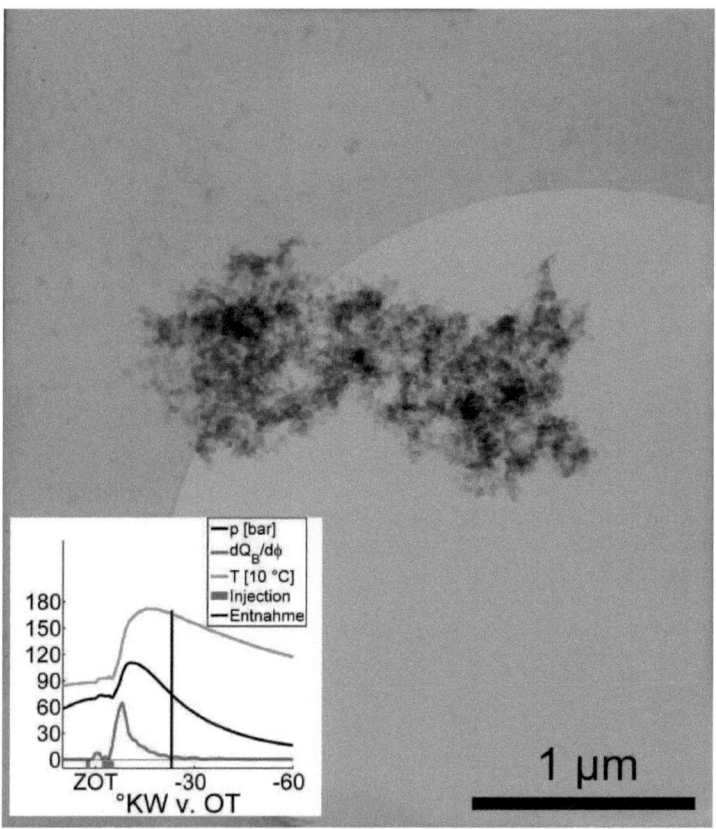

Abbildung 105: TEM-Aufnahme: Rußprobe 23 °KWnBB entnommen, Rußagglomerat [PFL2010a]

Die Partikel sind weiter gewachsen und zum Teil auch miteinander verwachsen. Es fallen stark gekrümmte Graphenschichten auf, die ein Indiz für fullerenoiden Kohlenstoff sind. (vgl. Abbildung 106) Trotz stetig steigendem Vorkommen von Oberflächenfehlstellen infolge Nachoxidation ist die Oberfläche der zu diesem Zeitpunkt gefundenen Partikel noch immer weniger rauh als die von Partikeln, die im Abgasstrom entnommen wurden.

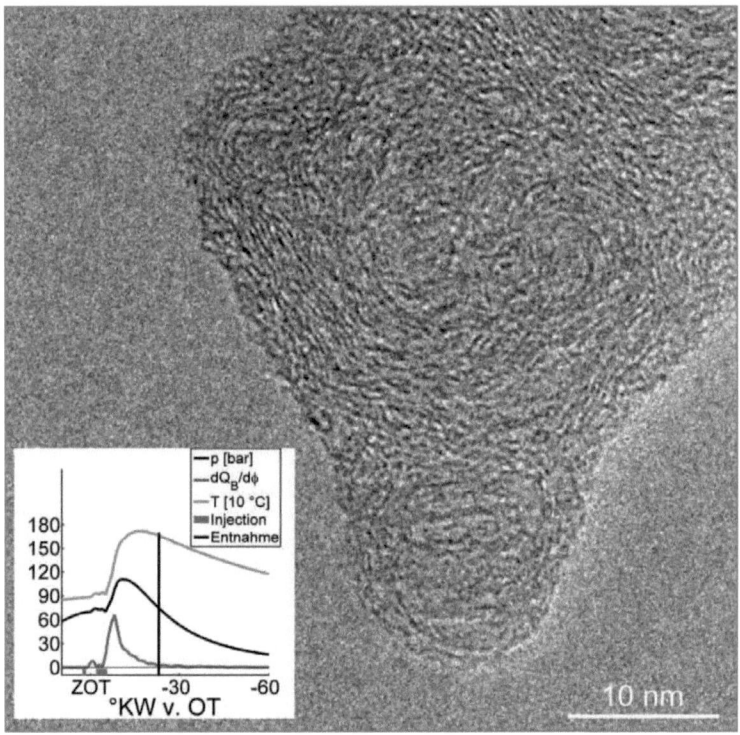

Abbildung 106: TEM-Aufnahme: 23 °KWnBB entnommen, Primärpartikel [PFL2010a]

7.3.11 Rußprobe 27 °KW nach Brennbeginn entnommen

Der Entnahmezeitpunkt dieser Rußprobe wurde zeitlich so gewählt, dass dieser mit dem Ende der Verbrennung zusammenfällt. Abbildung 107 zeigt Rußagglomerate, wie diese zum Zeitpunkt Brennende auf der entnommenen Probe vorliegen. Die Agglomerate sind stark zerklüftet und fraktaler als die von jüngeren Rußen. Für diese Probe wird eine Fraktale Dimension von FD = 1,209 ermittelt.

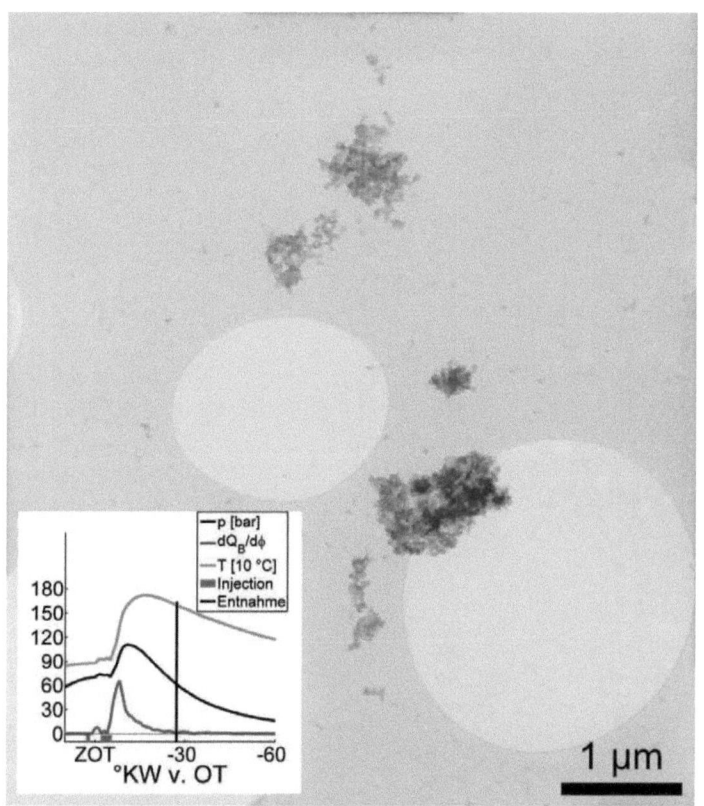

Abbildung 107: TEM-Aufnahme: Rußprobe 27 °KWnBB entnommen, Rußagglomerat [PFL2010a]

7.3.12 Rußprobe 47 °KW nach Brennbeginn entnommen

Der Entnahmezeitpunkt der Probe liegt zwischen dem Brennende und dem Öffnen des Auslassventils. Ruß auf dieser Probe repräsentiert einen Interimszustand zwischen diesen beiden Zeitpunkten. Rußagglomerate haben zu diesem Zeitpunkt bereits einen Grad an Zerklüftung und Kettenförmigkeit erreicht, der von im Abgasstrom entnommenen Proben bekannt ist [KNA2009] (vgl. Abbildung 108).

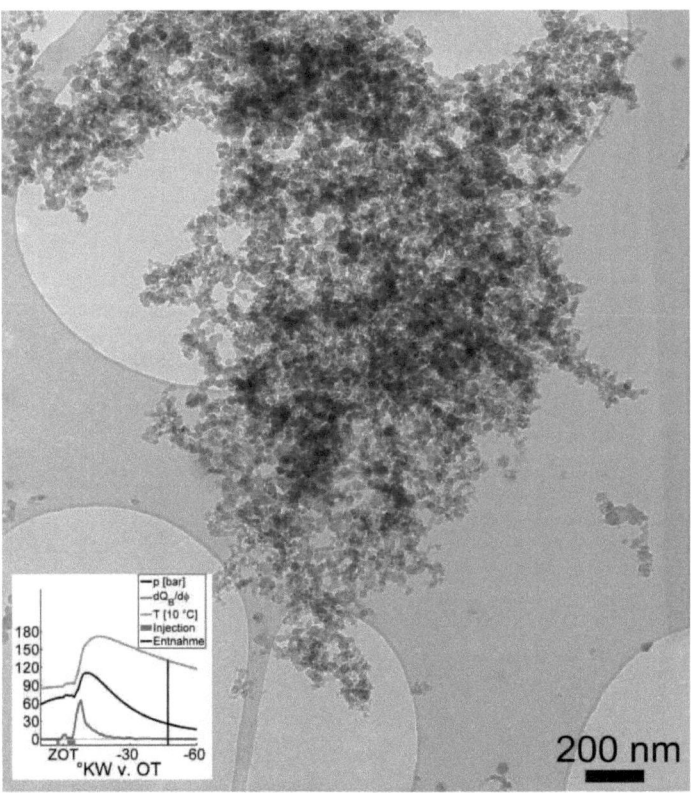

Abbildung 108: TEM-Aufnahme: Rußprobe 47 °KWnBB entnommen, Rußagglomerate kettenförmig [PFL2010a]

Weiter fortgeschrittene Nachoxidations-Prozesse zeigen sich in einer rauhen Oberfläche der Rußpartikel (vgl. Abbildung 109). Die Morphologie der Partikel erscheint unregelmäßig. Die innere Graphitlamellen-Struktur der Partikel ist gegenüber Rußproben, die bzgl. Brennbeginn früher entnommen wurden, deutlich ungeordneter. Diese Strukturveränderung kann durch Reaktionen der Rußpartikel mit Sauerstoff verursacht werden. Lokale C-Bindungen werden dabei aufgebrochen, was zu einer strukturellen Veränderung des Gerüsts aus Kohlenstofflamellen führt.

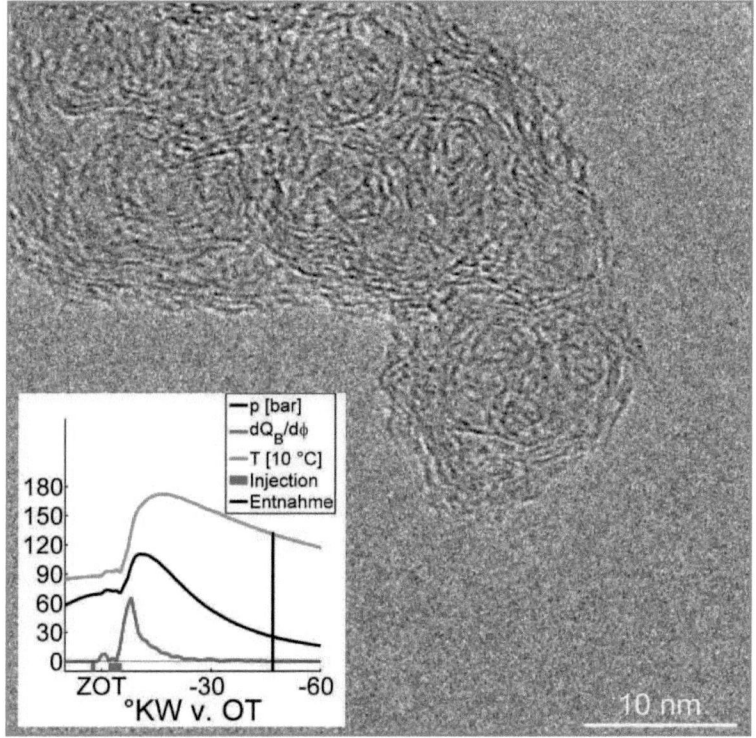

Abbildung 109: TEM-Aufnahme: 47 °KWnBB entnommen, Primärpartikel in fullerenähnlicher Struktur [PFL2010a]

7.3.13 Rußprobe ca. 120 °KW nach Brennbeginn im Abgasstrom entnommen

Im Abgasstrom werden Rußagglomerate gefunden, die in ihrer Struktur der vorherigen, in einer späten Expansionsphase entnommenen Probe sehr ähnlich sind. Rußagglomerate sind stark kettenförmig und erheblich zerklüftet (vgl. Abbildung 110).

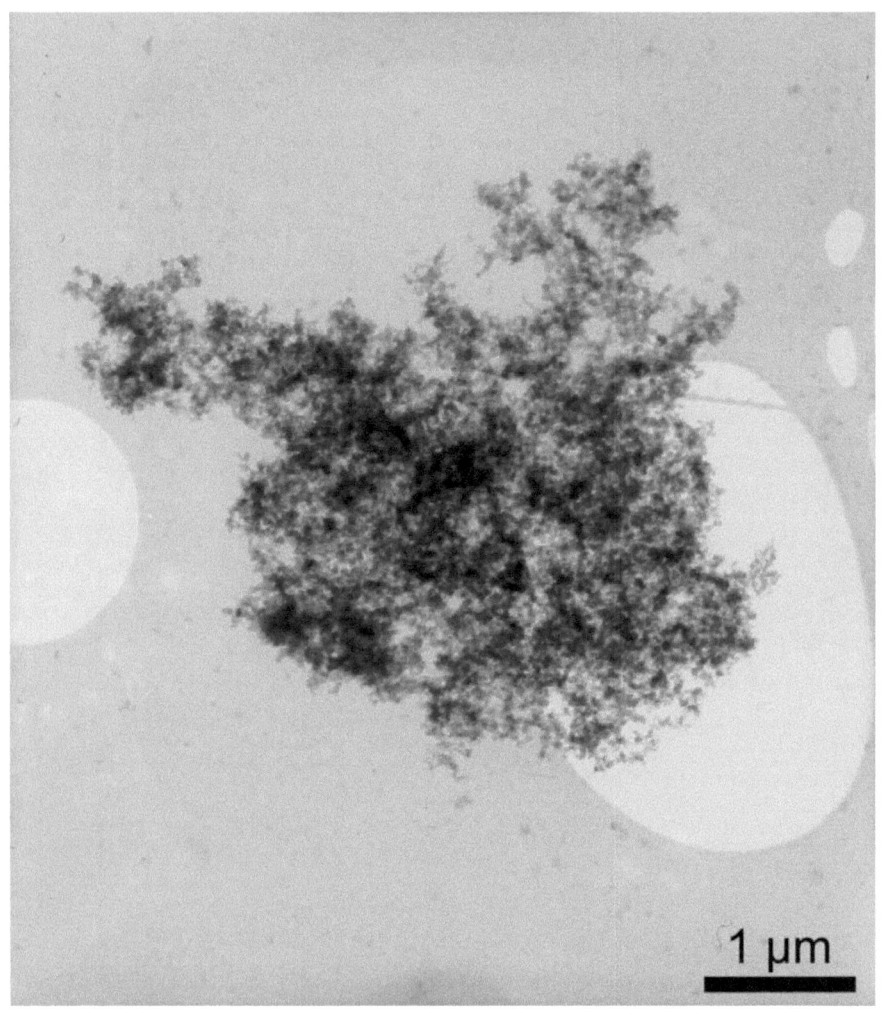

Abbildung 110: TEM-Aufnahme: Rußprobe im Abgasstrom entnommen, Rußagglomerate kettenförmig [PFL2010a]

Bilder in Hochauflösung zeigen, wie auch bereits bei der vorherigen Probe, eine unregelmäßige Rußmorphologie in Kombination mit einer rauen, defektreichen, oxidierten Oberfläche (vgl. Abbildung 111).

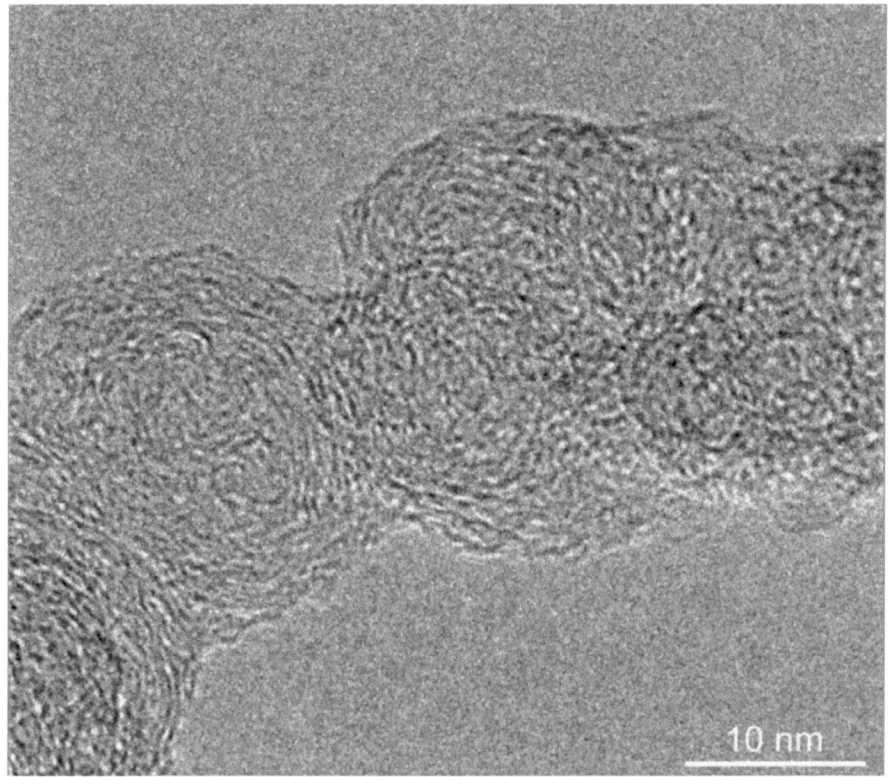

Abbildung 111: TEM-Aufnahme: Rußprobe im Abgasstrom entnommen, Rußpartikel [PFL2010a]

Ähnlich Ruße wie bei der zu einer späten Expansionsphase und der im Abgasstrom entnommen Probe wurden u.a. bereits von Jacob et al. beobachtet [JAC2003]. Ruße früher entnommener Proben erscheinen in ihrer Struktur bis dato kaum bekannt.

7.3.14 BILDUNG, WACHSTUM UND OXIDATION VON RUßPARTIKELN

Fullerene und fullerenähnliche Strukturen, wie diese bei sehr kurz nach Brennbeginn entnommenen Proben aufgefunden werden (vgl. Kapitel 7.3.5 Rußprobe 1 °KW nach Brennbeginn entnommen), können als Ausgang der Rußbildung gesehen werden. Ihre hochreaktive Oberfläche bietet zahlreiche Andockmöglichkeiten für Radikale, Atome und Moleküle aus der Gasphase. An die 1 °KW und 6 °KW nach Brennbeginn gefundenen jungen, kleinen Nanopartikel, die in ihrer Struktur Fullerenen ähneln, wachsen bei Anlagerung von Kohlenstoff oder Ethylen größere Partikel. Das sowohl in der Acetylen- [WAR2001] als auch der Elementarkohlenstoffhypothese [BOCK1994] beschriebenen Partikelwachstum während der Verbrennung kann mit den Ergebnissen der Brennraumentnahmen bestätigt werden. Die Auswertung der TEM-Aufnahmen zeigt ein stetiges Partikelwachstum bis über die ca. 29 °KW andauernde Haupt-Verbrennung hinaus (vgl. Abbildung 112).

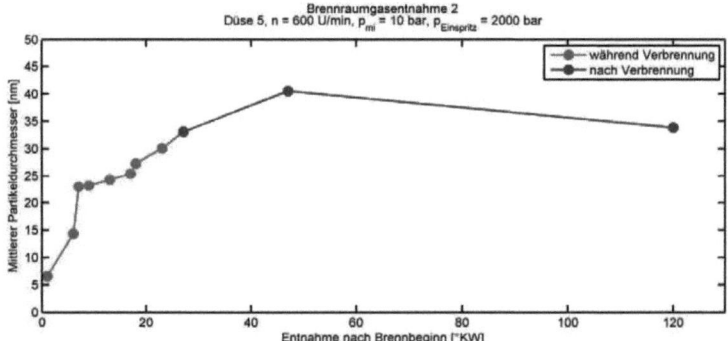

Abbildung 112 : Partikeldurchmesser in Abhängigkeit von Probenentnahme-Zeitpunkt nach Brennbeginn

In der späteren Expansionsphase des Arbeitstakts, ab ca. 30 – 70 °KW nach Brennbeginn, sinkt der Durchmesser der Partikel geringfügig ab. Oben beschriebene HRTEM-Ergebnisse deuten auf Nachoxidationsphänomene als Ursache für diese Verkleinerung der Partikel hin. Das beobachtete Partikelwachstum kann mittels EEL-Spektroskopie bestätigt werden.

7.3.15 VERÄNDERUNG DER BINDUNGSZUSTÄNDE DES KOHLENSTOFFS IN RUßPARTIKELN

In einem EEL-Spektrum von Dieselruß erscheint sp^2-gebundener Kohlenstoff (Grafit, aromatischer Kohlenstoff, in Schichtaufbau) bei etwa 285 eV, sp^3-gebundener Kohlenstoff (Diamant, nicht aromatischer Kohlenstoff, in ungeordneter Struktur) dagegen bei ca. 293 eV Energieverlust.

Die EEL-Spektren von sehr früh nach Brennbeginn entnommenen Proben (1 °KW und 6 °KWnBB) deuten auf überwiegend fullerenoide Strukturen hin (vgl. Abbildung 113). Sie bestehen aus Kohlenstoffbausteinen aus nicht aromatischem Kohlenstoff (sp^3) und aromatischem Kohlenstoff (sp^2).

Mit zunehmender Zeit nach Brennbeginn nimmt die Signifikanz des σ*-Peaks zu Gunsten des π*-Peaks bei 285 eV ab, was auf eine Zunahme des Anteils an sp²-gebundenem Kohlenstoff während der Verbrennung durch vermehrtes Vorkommen von Graphenschichten schließen lässt. Dies deutet auf einen durch die Anlagerung von Kohlenstoff an die Oberfläche von Rußpartikeln geförderten Wachstumsvorgang der Partikel hin.

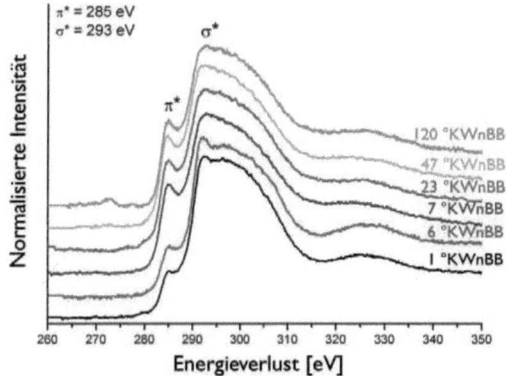

Abbildung 113: EEL-Spektrum: Brennraumproben entnommen zu verschiedenen Zeitpunkten nach Brennbeginn, Entzerrung der Einzelspektren in Vertikalrichtung für bessere Übersichtlichkeit [PFL2010a]

Bereits 7 °KW nach Brennbeginn scheinen relativ stabile Bindungszustände in den Rußpartikeln vorzuliegen. Es kommt nachfolgend zu keiner signifikanten Änderung im EEL-Spektrum mehr, was als Indiz für stabile Bindungsverhältnisse in den Partikeln gewertet werden kann.

7.3.16 VERÄNDERUNG DER STRUKTUR VON RUSSAGGLOMERATEN

Mittels der fraktalen Dimension kann die Struktur von Rußagglomeraten effektiv quantifiziert werden (vgl. Kapitel 7.2 Charakterisierungsverfahren für Ruße auf Basis von TEM-Bildern). Während eine fraktale Dimension von nahe eins auf kreis- und ovalähnliche Strukturen mit minimalen Verästelungen hinweist, drückt eine Steigerung der fraktalen Dimension über eins hinaus die Zunahme an Verästelungen, Kettenförmigkeit und „Löchrigkeit" eines Rußagglomerats aus.

Bei der vorliegenden Reihe von Brennraumproben skalieren sehr früh entnommene Proben mit einer fraktalen Dimension von knapp über eins. Dies deutet darauf hin, dass kurz nach Beginn der Verbrennung hoch-kompakte, wenig verzweigte Rußagglomerate im Brennraum vorliegen.

Im Laufe der ca. 29 °KW andauernden Verbrennung steigt die fraktale Dimension auf in diesem Fall FD = 1,2 an. Die Rußagglomerate werden dabei zerklüfteter und kettenförmiger. Dieser Prozess kann sowohl durch Wachstum und Zusammenschluss von Agglomeraten sowie durch Nachoxidationsprozesse verursacht werden.

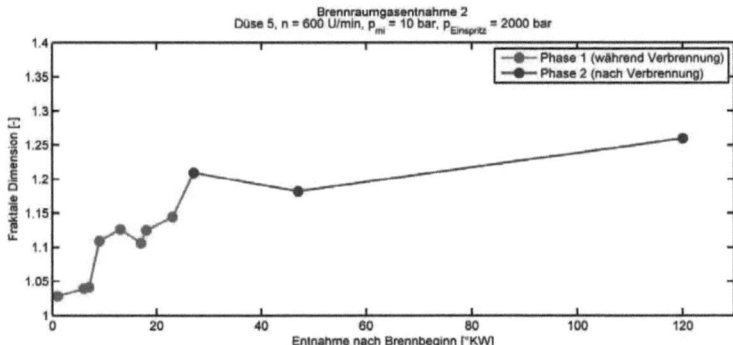

Abbildung 114: Fraktale Dimension von Rußagglomeraten als Funktion der Entnahmezeit nach Brennbeginn

Signifikant ist, dass der Anstieg der fraktalen Dimension zusammen mit der Verbrennung ein Ende findet. In der folgenden Expansionsphase zwischen dem Ende der Verbrennung und dem Ausstoßen des Abgases ändert sich die fraktale Dimension nur noch geringfügig. Der sehr moderate Anstieg deutet dabei auf Nachoxidationsprozesse, die zu einer teilweisen Zersetzung der Agglomerate beitragen, hin.

7.3.17 REPRODUZIERBARKEIT VON GASENTNAHMEN AUS DEM BRENNRAUM

Um die Reproduzierbarkeit des Entnahmeverfahrens, mit dem die oben beschriebenen Proben entnommen wurden, zu überprüfen, wurde einige Monate, nachdem die oben beschriebenen Proben entnommen wurden, an genau dem gleichen Motorbetriebspunkt drei Rußproben zu charakteristischen Zeitpunkten aus dem Brennraum entnommen. Der Lehrstuhl für Mikrocharakterisierung in Erlangen untersuchte auch diese Proben und stellte die gewonnenen TEM-Bilder denen früherer Entnahmen zum gleich Zeitpunkt der Verbrennung gegenüber. Hierbei wurde sehr gute Übereinstimmung festgestellt. Dies ist ein Indiz für ein stabiles Brennverfahren und zeigt, dass das entwickelte Probenentnahmesystem gut geeignet ist für eine zeitlich hochaufgelöste Entnahme von Partikeln aus einer laufenden Verbrennungskraftmaschine.

7.3.18 BESTÄTIGUNG VON RUßBILDUNGSHYPOTHESEN

Die Ergebnisse der Auswertung der vorangehend vorgestellten Probenreihe bestätigen bekannte Rußbildungshypothesen wie die Elementarkohlenstoffhypothese [BOCK1994] und die Acetylenhypothese [WAR2001]. Erkenntnisse aus einer weiteren Entnahme von Brennraumproben, die jedoch noch nicht so abgesichert sind, dass sie an dieser Stelle aufgeführt werden könnten, deuten auf einen weiteren Weg der Rußbildung hin. Sie zeigen, dass bei der Bildung von Ruß im Brennraum der Abstand einzelner Graphenschichten von „jungem" Ruß zu vollständig ausgebildetem Ruß sinkt. Dies wäre ein Indiz für eine Art „Spontanpyrolyse" feiner Kraftstofftröpfchen hin zu Rußteilchen.

7.4 ANALYSE VON RUßPROBEN AUS DEM ABGASSTROM EINES DIESELMOTORS

Die anhand einer Reihe von aus dem Brennraum entnommenen Rußproben dargestellten Phänomene der Rußbildung und Oxidation sind die Grundlage, um den Zusammenhang zwischen Brennverfahrensparametern und der Rußstruktur von im Abgasstrom entnommenen Proben zu deuten und zu erklären.

7.4.1 ZUSAMMENHANG ZWISCHEN EINSPRITZDRUCK UND RUßMORPHOLOGIE

Eine Steigerung des Einspritzdrucks erhöht die Gemischbildungs-Energie, den Impuls des einspritzenden Kraftstoffstrahls sowie die Zerstäubungsgüte des Kraftstoffs in der Ladung. Parallel wird bei richtig ausgelegter Geometrie der Einspritzdüsen die Emission von Ruß und Partikeln gesenkt. Wie sich der Einspritzdruck auf die Struktur der gebildeten Ruße auswirkt, wird nachfolgend analysiert.

Während der unter 5.3.1 beschriebenen Variation des Einspritzdrucks wurden fünf Rußproben aus dem Abgasstrom entnommen und anschließend im TEM untersucht. Die Auswertung der TEM-Bilder ergab einen signifikanten Zusammenhang zwischen Einspritzdruck und der Größe der gebildeten Rußpartikel (vgl. Abbildung 115).

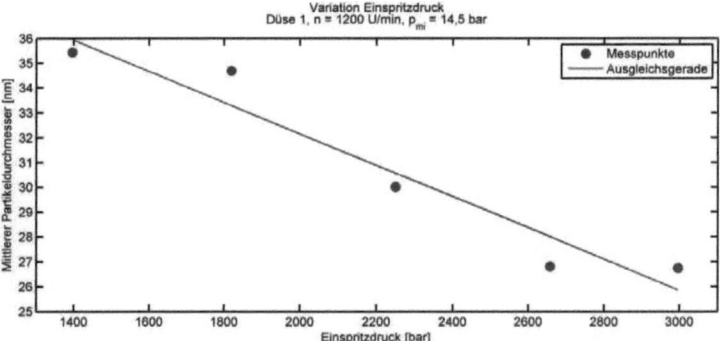

Abbildung 115: Verlauf Rußpartikel-Durchmesser über Einspritzdruck

Während bei einem seriennahen Einspritzdruck von 1800 bar Partikel mit einem mittleren Durchmesser von in etwa 35 nm gebildet werden, entstehen bei 3000 bar Einspritzdruck Partikel in der Größenordnung von 26 nm. Dies entspricht einer Größenabnahme um 25%.

Unter der Annahme einer kugelförmigen Gestalt und konstanter Dichte der Partikel geht mit der beschriebenen Verkleinerung der Partikel eine Massenabnahme je Rußpartikel um 58% einher. Bei vorliegender Einspritzdruck-Variation sank parallel zur Partikelgröße ebenfalls die Partikelemission von 0,07 auf 0,03 g/kWh ab (vgl. Abbildung 116). Dies entspricht, im Rahmen der Messgenauigkeit, einer PM-Abnahme von 57%.

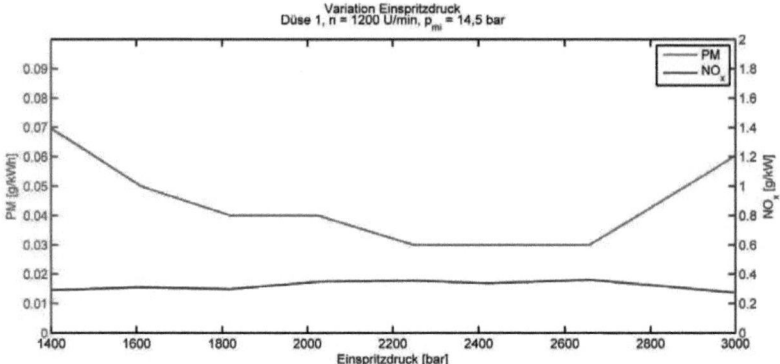

Abbildung 116: PM- und NO$_x$-Emission bei Variation des Einspritzdrucks mit Düse 1

Interessant ist, dass bei vorliegender Variation das Partikelvolumen in sehr ähnlicher Größenordnung wie die emittierte Partikelmasse abnimmt. Unter der Annahme einer konstanten Rußdichte würde dies bedeuten, dass während dieser Variation des Einspritzdrucks die Anzahl der emittierten Rußpartikel konstant geblieben ist.

Die Nachoxidationsbedingungen für Partikel verbessern sich aufgrund des höheren Oberfläche-Volumen-Verhältnisses kleiner Partikel mit dem Einspritzdruck.

Die Auswertung der vom Einspritzdruck abhängigen Agglomeratstruktur (vgl. Abbildung 117) bei dieser Versuchsreihe zeigt einen mit dem Verlauf der Partikelemission (vgl. Abbildung 116) sehr vergleichbaren Verlauf. Da wie unter 5.3.1 ausführlich erläutert bei Einspritzdrücken über 2650 bar ein unerwünscht starkes Aufspritzen von Kraftstoff auf die Brennraumwände vermutet wird, liegt der Fokus der Analysen zur Agglomeratstruktur auf den Proben die bei Einspritzdrücken bis zu 2650 bar entnommen wurden.

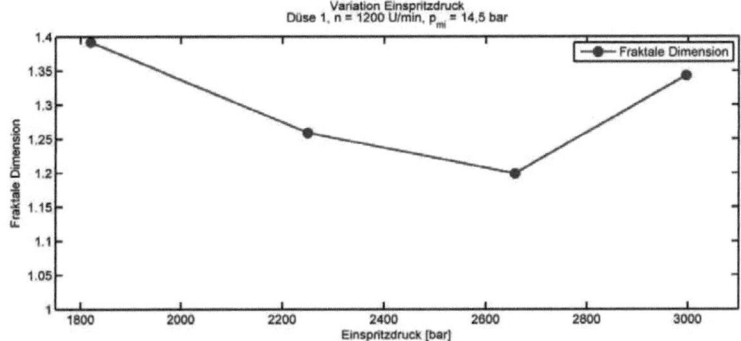

Abbildung 117: Verlauf der fraktalen Dimension bei Variation des Einspritzdrucks mit Düse 1

Von einem Einspritzdruck von 1800 bar bis zu einem extremen Druck von 2650 bar sinkt die fraktale Dimension der Rußagglomerate kontinuierlich bis auf ein Minimum von FD = 1,2 ab. Entsprechend deutet dies auf zerklüftete, kettenförmige Agglomerate bei moderaten und eher kompakte, weniger verzweigte Agglomerate bei extremen Einspritzdrücken hin.

Abbildung 118 stellt TEM-Aufnahmen von einem Agglomerat, das bei moderatem Einspritzdruck gebildet wurde, einem bei extremem Einspritzdruck gebildeten Agglomerat gegenüber.

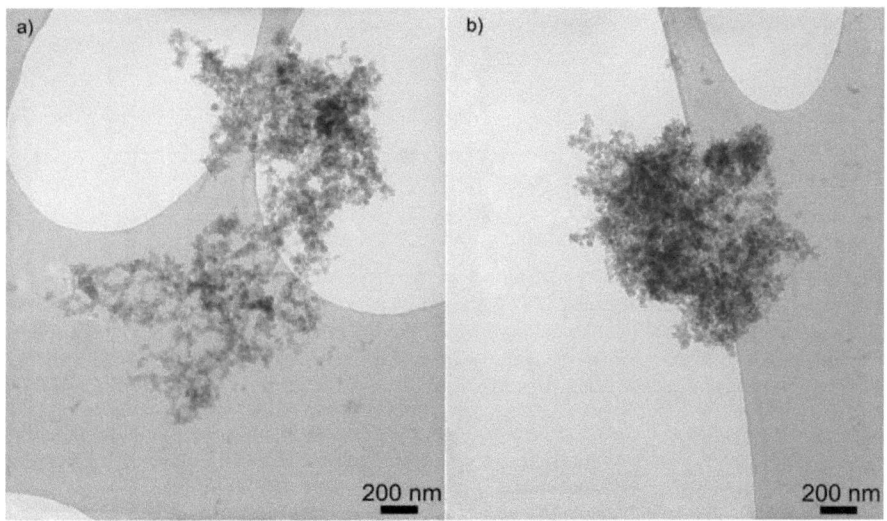

Abbildung 118: TEM-Bild: a) Agglomeratstruktur bei 1800 bar Einspritzdruck, b) Agglomeratstruktur bei 2650 bar Einspritzdruck, Quelle: IMC Universität Erlangen [MAC2009a]

Eine Erklärung für die mit dem Einspritzdruck kompakter werdenden Rußagglomerate basiert auf der einspritzdruckabhängigen Brenndauer. Mit steigendem Einspritzdruck sinkt die Brenndauer aufgrund von kürzeren Injektorbestromungszeiten und einer härteren, schneller ablaufenden Verbrennung. Wie unter 7.3.16 „Veränderung der Struktur von Rußagglomeraten" beschrieben, ist das Wachstum von Rußagglomeraten maßgeblich auf die Dauer der Verbrennung beschränkt. In dieser Zeit wachsen die Rußagglomerate infolge der Anlagerung von Partikeln oder weiteren Agglomeraten an, was zu einem stärkeren Grad an Zerklüftung und Kettenförmigkeit führt.

Die These einer maßgeblich von der Brenndauer abhängigen fraktalen Dimension von Rußagglomeraten wird durch die Darstellung der fraktalen Dimension abhängig von der Brenndauer für zwei unterschiedliche Einspritzdruckvariationen gestützt (vgl. Abbildung 119). Hierbei sind die Messpunkte kurzer Brenndauern hohen Einspritzdrücke, zuzuordnen. Die Messpunkte für die kürzeste Brenndauer sind der Vollständigkeit halber aufgeführt, sollten jedoch aufgrund von unerwünscht hohem Kraftstoff-Wandauftrag bei diesen Versuchspunkten außer Acht gelassen werden (gestrichelte Linie).

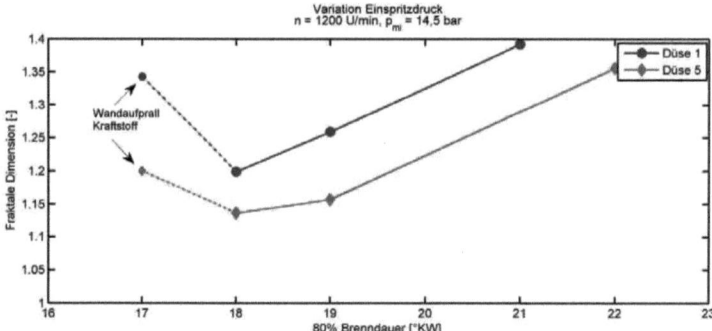

Abbildung 119: Fraktale Dimension abhängig von Brenndauer

Hinsichtlich der Agglomeratstruktur bieten die bei geringerem Einspritzdruck gebildeten, zerklüfteteren Agglomerate (vgl. Abbildung 118 a)) Sauerstoff mehr Angriffsstellen für eine Nachoxidation als kompakte Agglomerate (vgl. Abbildung 118 b)), die bei extremen Einspritzdrücken entstehen. Es darf jedoch nicht außer Acht gelassen werden, dass bei niedrigem Einspritzdruck größere Partikel vorliegen und zudem absolut deutlich mehr Ruß gebildet wird.

Es ist davon auszugehen, dass sich bei extremem Einspritzdruck gebildete, kompakte Agglomerate, die aus eher kleinen Partikeln bestehen, aufgrund des hohen Oberfläche-Volumen-Verhältnisses der Partikel besser für eine Nachoxidation eignen als bei moderaten Einspritzdrücken gebildete Ruße.

Hinsichtlich der Deposition in einem nachgeschalteten Partikel-Katalysator oder Filter ist jedoch zu klären, ob kompakte, wenig verzweigte und kaum zerklüftete Agglomerate ausreichend gut und lange in einer Kat- oder Filter-Struktur anhaften können, um dort nachoxidiert zu werden. Gegebenenfalls müssen die Strukturen von Oxidationskatalysatoren und –filtern weiterentwickelt werden.

7.4.2 ZUSAMMENHANG ZWISCHEN VERBRENNUNGSSCHWERPUNKT UND RUßMORPHOLOGIE

Späte Verbrennung senkt aufgrund niedrigerer Verbrennungsgeschwindigkeit und Prozesstemperaturen die Bildungshäufigkeit von Stickoxiden und fördert zugleich mengenmäßig die Bildung von Ruß.

Bei der unter 5.1 beschriebenen Variation des Verbrennungsschwerpunkts wurden an den Messpunkten Rußproben für TEM-Analysen aus dem Abgasstrom entnommen. Die Auswertung der TEM-Ergebnisse hinsichtlich Partikeldurchmesser ergibt nachfolgenden Verlauf in Abhängigkeit des Verbrennungsschwerpunkts (Abbildung 120).

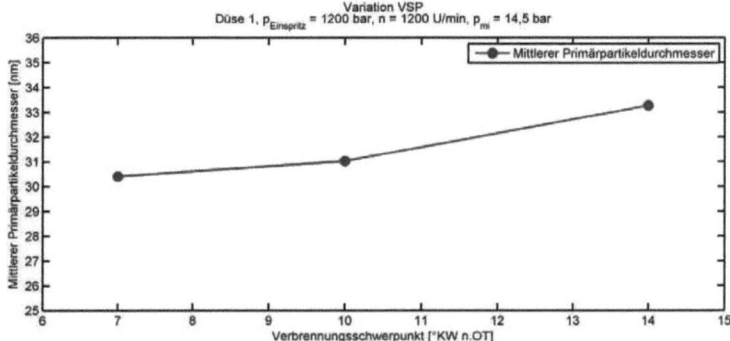

Abbildung 120: Verlauf des mittleren Partikeldurchmessers während Variation des Verbrennungsschwerpunkts

Klar zeigt sich der Anstieg des mittleren Partikeldurchmessers hin zu späteren Verbrennungsschwerpunkten. Die zu den drei Messpunkten gehörigen Brennverläufe (vgl. Abbildung 121) unterscheiden sich maßgeblich im Ausbrandverhalten. Während die früh beginnende Verbrennung schnell wieder abklingt, kommt es bei der späteren Verbrennung zu einem etwas langsameren Abklingen der Wärmefreisetzung. Die Abweichungen im Brennverlauf sind jedoch eher gering und wirken, neben den Unterschieden bei Druck- und Brennverlauf, von untergeordneter Bedeutung.

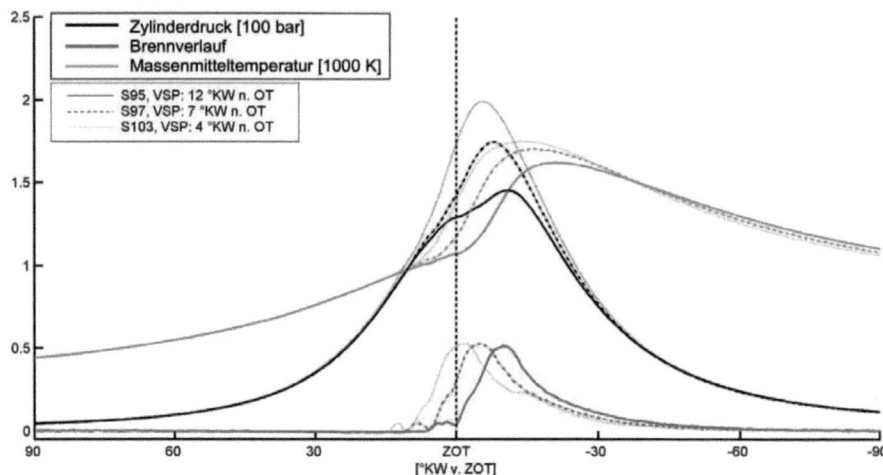

Abbildung 121: Druck-, Temperatur- und Brennverlauf bei Variation des Verbrennungsschwerpunkts

Bei früher Verbrennung herrschen die höchsten Prozesstemperaturen und Drücke, es entstehen die kleinsten Partikel. Es ist davon auszugehen, dass aufgrund der hohen Prozessparameter Druck und Temperatur ausgehend von den ersten, jungen Nano-Rußpartikeln das Wachstum dieser weniger weit fortschreitet. Zusätzlich werden die gebildeten Partikel bei höherem Sauerstoffpartialdruck und höherer Temperatur weiter nachoxidiert. Dagegen führen die moderaten Prozessparameter bei später Verbrennung zur Bildung größerer Rußpartikel.

Mit dem Ziel, ein Brennverfahren mit hohem Wirkungsgrad und zugleich geringer Emission von Partikeln, die sich in ihrer Morphologie gut für eine kontinuierliche Nachoxidation in einem Oxidationskatalysator eignen, sollten Verbrennungsschwerpunkte um 9°KWnOT gewählt werden.

7.4.3 ZUSAMMENHANG ZWISCHEN LADEDRUCK UND RUßMORPHOLOGIE

Mit höherem Ladedruck steigt der Sauerstoffüberschuß bei der dieselmotorischen Verbrennung an, was sich positiv auf die mengenmäßige Emission von Partikeln und Ruß auswirkt. Der Einfluss des Ladedrucks auf die Struktur des gebildeten Rußes wird im Folgenden aufgezeigt.

Während einer Untersuchung zur Variation des Ladedrucks wurden Rußproben aus dem Abgasstrom entnommen und im TEM mikroskopiert. Die Analyse der TEM-Aufnahmen zeigt folgende Entwicklung des Partikeldurchmessers und der fraktalen Dimension in Abhängigkeit vom Ladedruck (vgl. Abbildung 122). In vorliegendem Fall steigt der Partikeldurchmesser mit dem Ladedruck um ca. 15% an.

Bei dem Versuch wurde parallel zur Steigerung des Ladedrucks von 2,4 auf 3,4 bar der Einspritzbeginn in Richtung spät verschoben (vgl. Abbildung 124), um konstante Stickoxid-

Emission zu gewährleisten. Da während dieser Änderung der maßgebliche Anstieg des Partikeldurchmessers zu verzeichnen ist, muss davon ausgegangen werden, dass vom Verbrennungsschwerpunkt herrührende Quereinflüsse nicht zu vernachlässigen sind.

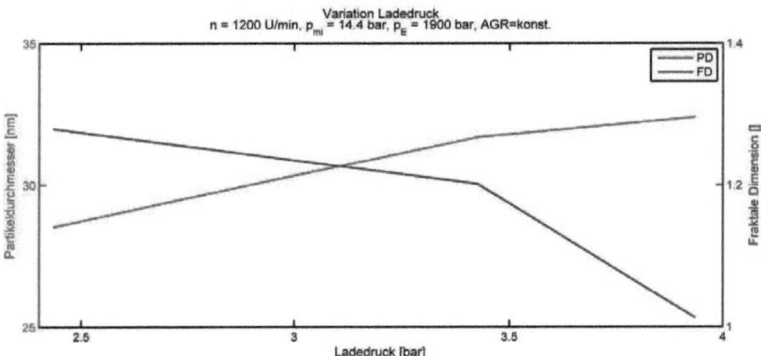

Abbildung 122: Verlauf von Partikeldurchmesser und fraktaler Dimension bei Variation des Ladedrucks

Die fraktale Dimension sinkt hingegen mit steigendem Ladedruck, um bei knapp 4 bar Ladedruck nahezu den Wert eins anzunehmen, was hoch-kompakten Strukturen der Agglomerate gleichkommt (vgl. Abbildung 123).

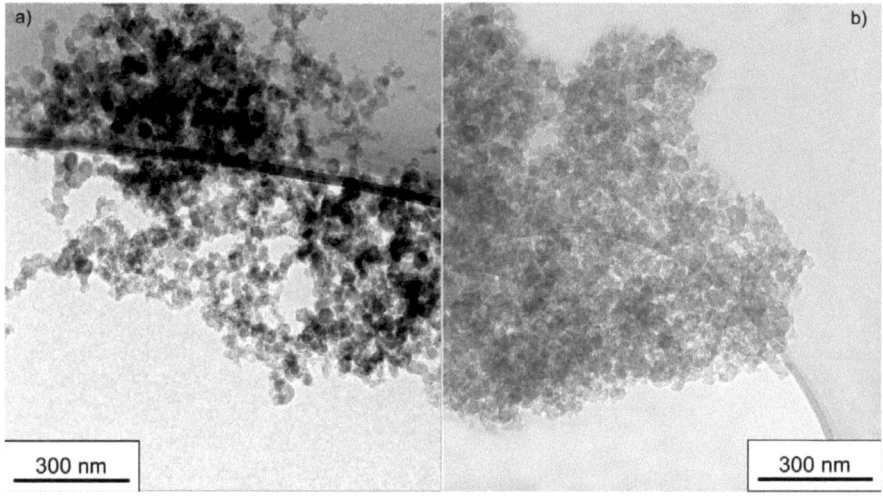

Abbildung 123: TEM-Bild: a) Agglomeratstruktur bei 2,4 bar Ladedruckdruck, b) Agglomeratstruktur bei 4,9 bar Ladedruck, Quelle: IMC Universität Erlangen [MAC2009a]

Die Veränderung der fraktalen Dimension der Rußagglomerate zwischen den Messpunkten bei 2,4 und 3,4 bar Ladedruck kann durch eine Verkürzung der Brenndauer (vgl. Abbildung 124) erklärt werden. Das offensichtlich mit der Brenndauer gekoppelte Wachstum von Agglomeraten findet bei kurzer Brenndauer früher ein Ende. Es entstehen weniger zerklüftete und schwächer kettenförmige Agglomerate.

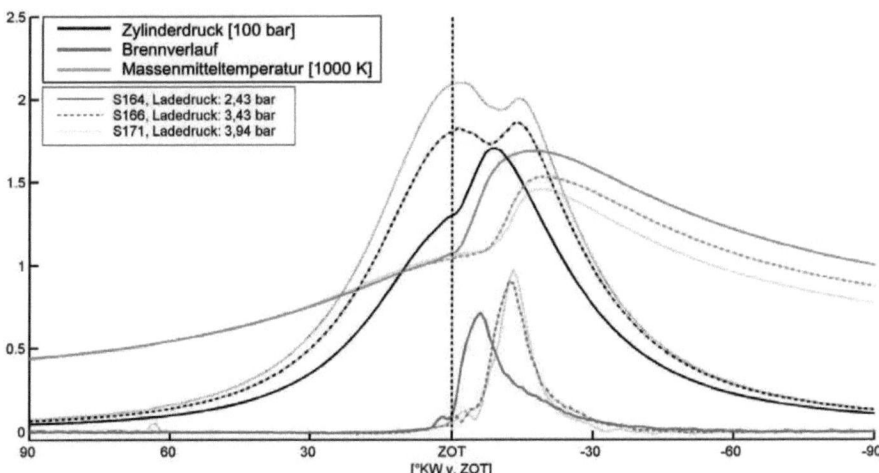

Abbildung 124: Druck-, Temperatur- und Brennverlauf bei Ladedruckvariation

Hoher Ladedruck führt tendenziell zu kompakteren Agglomeraten. Hinsichtlich einer „Nachoxidations-Willigkeit" der gebildeten Ruße handelt es sich dabei um eher niederreaktive Rußformen. Entsprechend sollte ein optimaler Ladedruck lediglich so hoch gewählt werden, dass ausreichend Luftüberschuß für eine rußarme Verbrennung zur Verfügung steht.

8 Zusammenfassung

Im Rahmen dieser Arbeit wurde das Potenzial zur innermotorischen Emissionsminimierung durch Hoch-Abgasrückführung, Hochdruck-Aufladung und Hochdruck-Einspritzung bei paralleler Arbeitsprozessoptimierung an einem 1,8 l Einzylinder Forschungsmotor untersucht.

Die Rückführung von gekühltem Abgas (AGR) stellt sich auch bis in einen Hoch-AGR-Bereich von 50% als wirkungsvolle Maßnahme zur Reduzierung von Stickoxidemission dar. Durch ausreichend hohen Ladedruck in Kombination mit optimierter Hochdruck-Einspritzung ist es möglich, die AGR-Verträglichkeit des Brennverfahrens so weit zu verbessern, dass auch bei maximaler AGR-Rate kein signifikanter Anstieg der Partikelemission gegenüber Nicht-AGR-Betrieb nachgewiesen werden kann.

Die Untersuchungen des Emissionseinflusses von Ladedruck zeigen, dass mit steigendem Ladedruck die Emission von Stickoxiden kontinuierlich ansteigt. Dagegen ist für geringe Partikelemission ein von Betriebspunkt und Brennverfahren abhängiger Mindestladedruck zur Darstellung ausreichenden Luftüberschusses erforderlich. Über dem erforderlichen Mindestladedruck kann keine signifikante Minderung der Partikelemission beobachtet werden.

Umfangreiche Untersuchungen zur Hochdruck-Einspritzung mit Drücken von bis zu 3000 bar und darüber zeigen, dass eine Einspritzdrucksteigerung mit einer Seriendüse nur geringes Potenzial zur Senkung von Partikelemission bietet. Untersuchungen mit einer für 1800 bar ausgelegten Serien-Einspritzdüse ergeben in vorliegendem Fall ab 2600 bar Einspritzdruck einen signifikanten Anstieg der Partikelemission, der aus Kraftstoff-Wandauftrag und u.U. Spritzlochkavitation herrührt.

Eine Aufteilung der Einspritzung in Vor- und Haupteinspritzung senkt im gesamten Kennfeld die Druckanstiegsgeschwindigkeiten im Brennraum und führte so zu deutlich geringer Geräuschemission. Die Voreinspritzung wirkt sich gegenüber einer Einspritzung ohne Voreinspritzung im Rahmen der Messgenauigkeit neutral auf die Emission aus.

Um das gesamte Potenzial von 3000 bar Einspritzdruck zu nutzen, wurden Prototypen Einspritzdüsen mit unterschiedlichen Spritzloch-Durchmesser, -Konizitäten, -Verrundungen und –Anzahlen untersucht.

Während kleinere Spritzloch-Durchmesser zu einer weicher ablaufenden Verbrennung führen, läuft die Verbrennung bei höherer Konizität der Spritzlöcher härter ab. Der Grad der Verrundung zwischen Düsen-Sackloch und Düsenbohrung ist im Rahmen der Fertigungsmöglichkeiten möglichst groß zu wählen, so dass die Kraftstoff-Strömung weich in das Spritzloch geleitet wird und am Einlauf des Spritzlochs ein hohes Druckniveau für die Beschleunigung des Kraftstoffs im Spritzloch zur Verfügung steht. Höhere Verrundungsgrade können direkt mit einer höheren Brennhärte korreliert werden.

Rechnerische Untersuchungen ergeben, dass für die Bereitstellung von 3000 bar Einspritzdruck gegenüber 1800 bar Einspritzdruck allein durch eine größere Pumpenantriebsleistung der Wirkungsgrad eines Motors um ca. 1% sinkt.

Durch optimierte Zehn-Loch-Einspritzdüsen mit sehr feinen Spritzlöchern (Durchmesser 90 µm) gelingt es bei 45% AGR-Rate und hohem Ladedruck am Einzylinder-Forschungsmotor in einem Halblast-Kennfeldbereich eine Stickoxidemission von 0,4 g/kWh und eine Partikelemission von unter 10 mg/kWh zu realisieren.

Der Versuchsträger, ein Einzylinder-Forschungsmotor wurde zu Beginn der Arbeiten entwickelt, konstruiert und aufgebaut. Der Motor ist für den Forschungseinsatz konzipiert und für 300 bar Brennraumdruck ausgelegt. Eine optimierte, unterkritisch ausgelegte Motorlagerung sorgt für minimale Motorvibrationen und ist dabei die Grundlage für eine Umrüstung des Motors zum optisch voll zugänglichen Transparentmotor mit Kolben und oberem Laufbuchsenbereich aus Glas.

Für den in der Vergangenheit die maximal untersuchbaren Brennraumdrücke begrenzenden Laufbuchsen-Glasring wurde eine Doppelglas-Vorspannung entwickelt, die zukünftig die optische Untersuchung von Brennraumdrücken von bis zu 300 bar bei voller optischer Zugänglichkeit ermöglicht.

Für die schnelle Entnahme von Brennraumproben aus einem laufenden Verbrennungsmotor wurde eine neuartige Entnahmesonde entwickelt, die mit einer Zeitauflösung von 1 ms Rußproben aus dem Brennraum entnehmen kann. Die im Zylinderkopf geschützte Sonde verharrt dort zur minimalen Beeinflussung von Einspritzung und Verbrennung. Lediglich für die Entnahme schießt die Sonde mit Beschleunigungen von gemessenen 25.000 m/s^2 in den Kern der Flamme, um dort innerhalb von 1 ms eine Probe zu entnehmen und sich anschließend wieder genauso schnell zurückzuziehen.

Eine Reihe von in sehr kurzer Abfolge entnommenen Rußproben zeigt 1 °KW nach Brennbeginn von Kraftstoffkondensat benetzte Nanopartikel auf der Probe. 6 °KW nach Brennbeginn finden sich hochkompakte Rußagglomerate, wie diese bisher bei aus dem Auslass von Motoren entnommenen Proben nicht bekannt sind. Während die Partikel mit der Brenndauer wachsen, werden die kompakten Agglomerate während der Verbrennung immer zerklüfteter. Nach Ende der Verbrennung (Brenndauer in diesem Fall: 30 °KW) liegen Partikel und Agglomerate annähernd in der Form vor, in der diese in früheren Forschungsarbeiten [KNA2009] auch im Auslass gefunden wurden.

Alle Ergebnisse von mit der Sonde entnommenen Proben stehen in keinem Widerspruch zu den bekannten Bildungshypothesen (Acetylen-, Elementarkohlenstoffhypothese) für Ruße. Es gibt jedoch Hinweise auf einen weiteren Weg der Rußbildung durch direkte Pyrolyse von Kraftstofftröpfchen zu Fullerenoid- und Zwiebelkohlenstoffpartikeln.

Die Analyse der Brennraumproben lieferte ebenfalls wertvolle Erkenntnisse zur Erklärung der Einflüsse unterschiedlicher Brennverfahrensparameter auf die Rußmorphologie des emittierten Rußes. Die Kompaktheit von Agglomeraten ist maßgeblich von der Brenndauer abhängig. So führen geringe AGR-Rate, hoher Ladedruck, hoher Einspritzdruck und ein früherer Verbrennungsschwerpunkt zu kürzeren Brenndauern und folglich zu kompakteren Agglomeraten. Maßnahmen, die die Brenndauer verlängern führen zu weniger kompakten und stärker verzweigten, kettenförmigeren Agglomeraten. Durch eine Erhöhung des Einspritzdrucks, einen früheren Verbrennungsschwerpunkt und geringeren Ladedruck werden kleinere Partikel gebildet.

9 LITERATUR UND QUELLENVERZEICHNIS

[ARC1997] Arcoumanis C., Gavaises M.:
Effect of Fuel Injection Processes on the Structure of Diesel Sprays
Society of Automotive Engineers, Detroit, Michigan, 1997

[BOC1991] Bockhorn H.:
Soot Formation in combustion, Round Table Discussion
Springer Verlag, Heidelberg, 1991

[BAR2003] A. C. Barone, A. D. Alessio, A. D´Anna:
Morphological characterisation of the early process of soot formation by atomic force microscopy
Combustion and Flame, 132, 181-187, 2003

[BAS2007] van Basshuysen S.:
Handbuch Verbrennungsmotoren: Grundlagen, Komponenten, Systeme, Perspektiven
Vieweg Verlag, 2007

[BLES2004] Blessing M.:
Untersuchung und Charakterisierung von Zerstäubung, Strahlausbreitung und Gemischbildung aktueller Dieseldirekteinspritzsysteme
Dissertation, Universität Stuttgart, 2004

[BOCK1994] Bockhorn K.:
Soot formation during combustion
Springer Verlag, Berlin, 1994

[CHE2919] ChemgaPedia:
Internetauftritt auf http://www.chemgapedia.de
28.03.2010

[DIE2010] DieselNet:
Internetauftritt auf http://www.dieselnet.com
22.06.2010

[DOB1994] Dobbin R.A., Subrameniasivam H.:
Soot Formation in Combustion.
Springer Series in Chemical Physics, Vol. 59, Springer, Berlin, 1994

[EGG1995] Egger K., Reisenbichler P., Leonhard R.:
Common Rail Einspritzsystem für Dieselmotoren – Analyse, Potential, Zukunft
Automotive Revue, Nr. 14, S. 30 – 32, 1995

[FEN1979] Fennimore C.P.:
Studies of fuel-nitrogen in rich flame gases

Proc. Comb. Inst., 17, 1979

[FSU1994] Fusco A., Knox-Kelecy A.L., Foster D.E.:
Application of a Phenomenological Soot Model to Diesel Engine Combustion,
University of Wisconsin-Madison, 1994

[GLA1988] Glassman I.:
Soot formation in combustion processes
In Proceedings of the 22nd international symposium on combustion. The Combustion Institute, 1988. p. 295-311

[GRO1973] Grohe H.:
Otto- und Dieselmotoren
Vogel Verlag, Würzburg, 1973

[GRO1977] Grohe H.:
Messen an Verbrennungsmotoren
Vogel Verlag, 1. Auflage, Würzburg, 1977

[HAB2009] Habersbrunner G., Ziegler A.:
Hybridkonzept mit Minimaldiesel (Vorhaben Nr. 937)
FVV Abschlussbericht, 2009

[HAN1989] Hansen J.:
Untersuchung der Verbrennung und Rußbildung in einem Wirbelkammer-Dieselmotor mit Hilfe eines schnellen Gasentnahmeventils
Dissertation, RWTH Aachen, 1989

[HAY1981] Haynes B.S., Wanger H.G.:
Soot formation
Prog Energy Combust Sci 1981; 7:229-273

[HEL2009] Held W., Raab G., Schaller K.-V., Gotre W., Lehmann H., Möller H., Schröppel W.
Innovative MAN EURO V Motorisierung ohne Abgasnachbehandlung
30. Internationales Wiener Motorensymposium, Wien, 2009

[HIR1983] Hiroyasu H., Kadota T., Arai M.:
Development and Use of a Spray combustion Modeling to Predict Diesel Engine Efficiency and Pollutant Emissions (Part 1: Combustion Modeling)
Bulletin of the JSME, Vol. 26, No. 214, 1983

[HIR1990] Hiroyasu H.:
Structures of Fuel Sprays in Diesel Engines
SAE Technical Paper Series, Nr. 900475, 1990

[HOU1990] M. Houben, G. Lepperhoff:
Untersuchungen zur Rußbildung während der dieselmotorischen Verbrennung
Motortechnische Zeitschrift, 51, 7/8 Supplement, X-XVI, 1990

[HÖR2007] Hörner R., Lämmermann R., Seidl T.:
Verbrennungsoptimierung zur Einhaltung der Abgasgrenzwerte im Vergleich von Nutzfahrzeug- und Großmotor
MAN-Vortrag, Nürnberg, 2007

[IMC2010] Lehrstuhl für Mikrocharakterisierung:
Internetauftritt auf http://www.imc.ww.uni-erlangen.de/ger/equipment_ger_frame.html
30.03.2010

[ISH1986] Ishida A., Kanamoto T., Kurihara S.:
Improvements of Exhaust Gas Emissions and Cold Startability of Heavy Duty Engines by New Injection-Rate-Control-Pump
SAE Paper 861236, 1986

[ISH1997] Ishiguro T., Takatori Y., Akihama K.:
Microstructure of diesel Soot Particles Probed by Electron Microscopy: First Observation of Inner Core and Outer Shell.
Combust and Flame 1997; 108: 231-234

[JAC2000] Jacob E., Döring A., Graf U., Harris M., Hupfeld B.:
GD-Kat: Abgasnachbehandlungssystem zur simultanen Kohlenstoffpartikel-Oxidation und NOx-Reduktion für Euro 4/5-Nfz-Dieselmotoren
21. Internationales Wiener Motorensymposium, VDI Fortschrittberichte, Reihe 12, Nr. 420, Band 2, S. 311-329, 2000

[JAC2003] Jacob E., Rothe D., Schlögl R., Su D. S., Müller J.-O., Nießner R., Adelhelm C., Messerer A., Pöschl U., Müllen K., Simpson C., Tomovic Z., Lenz H.P.(Hrsg.):
Dieselruß: Mikrostruktur und Oxidationskinetik
24. Internationales Wiener Motorensymposium, VDI-Fortschritt-Berichte Reihe 12 Nr. 539, Düsseldorf: VDI-Verlag, 2003

[KAS1998] Kasakov A., Foster D.E.:
Modeling of Soot Formation during DI Diesel Combustion Using a Multi-Step Phenomenological Model
SAE Paper 982463, 1998

[KNA2009] Knauer M.:
Struktur-Reaktivitäts-Korrelation von Dieselruß und Charakterisierung von PAHs und Carbonylen im Abgas von Biokraftstoffen
Dissertation, Technische Universität München, 2009

[KOZ2004] Kozuch P.:

Ein phänomenologisches Modell zur kombinierten Stickoxid- und Rußberechnung bei direkteinspritzenden Dieselmotoren
Dissertation, Stuttgart, 2004

[KRO1969] Krome D.:
Charakterisierung der Tropfenkollektive von Hochdruckeinspritzsystemen für direkteinspritzende Dieselmotoren
Dissertation, Universität Hannover, 1969

[JAC2003] E. Jacob, D. Rothe, R. Schlögl, D. S. Su, J.-O. Müller, R. Nießner, C. Adelhelm, A. Messerer, U. Pöschl, K. Müllen, C. Simpson, Z. Tomovic, H.P. Lenz (Hrsg.):
Dieselruß: Mikrostruktur und Oxidationskinetik.
24. Internationales Wiener Motorensymposium, 15.-16. Mai 2003, Band 2: Fortschritt-Berichte VDI Reihe 12 Nr. 539, Düsseldorf: VDI-Verlag 2003, 19

[KEN1997] I. M. Kennedy:
Models of Soot Formation and Oxidation
Prog. Energy Combust. Sci., 23, 95-132, 1997

[HOM1998] K.-H. Homann:
Fulleren- und Rußbildung - Wege zu großen Teilchen in Flammen
Angewandte Chemie, 110, 2572-2590, 1998

[MAC2009a] Mackovic M., Frank G., Goeken M.:
Characterization of soot particles from low emission Diesel engines
Final Meeting, BFS research project: Niedrigstemissions-Lkw-Dieselmotor, München, 2009

[MAC2009b] Mackovic M., Goeken M.:
TEM and EELS investigations of SnO_2 nanoparticles and soot particles from Diesel engines.
Conference of the Excellence Cluster (EAM, Engineering of Advanced Materials), Wildbad Kreuth, 2009

[MAC2009c] Mackovic M., Goeken M.:
Investigation of soot particles taken directly from the combustion chamber of a Diesel engine.
36th Retreat Symposium in Sattelbogen, 2009

[MAC2009d] Mackovic M., Pflaum S., Frank G., Wachtmeister G., Spiecker E., Goeken M.:
TEM and EELS investigations of soot particles directly from the combustion chamber of low emission Diesel engines
In: W. Grogger, F. Hofer, P. Pölt (Eds.): Microscopy Conference MC 2009, Vol. 3: Materials Science, DOI: 10.3217/978-3-85125-062-6-560, Verlag der TU Graz 2009

[MET1973] Mettig H.:
Die Konstruktion schnelllaufender Verbrennungsmotoren
Walter de Gruyer, Berlin, New York, 1973

[LEI2008] Leick P.:
Quantitative Untersuchungen zum Einfluss von Düsengeometrie und Gasdichte auf den Primärzerfallsbereich von Dieselsprays
Dissertation, Technische Universität Darmstadt, 2008

[MOS 2004] Moser F. X., Dreisbach r., Sams T.:
Niedrigste Rohemissionen als Basis für die Zukunft des Nfz Dieselmotors – Neue Entwicklungsergebnisse
25. Internationales Wiener Motorensymposium, Konferenzband, Seiten 1 – 15, Wien, 2004

[MES2005] Messerer, A., Pöschl, U., Nießner, R., Müller, J.-O., Schlögl, R., Tomovic, Z., Müllen, K., Knab, C., Mangold, M., Rothe, D., Jacob, E.:
Katalytisches System zur filterlosen kontinuierlichen Rußpartikelverminderung für Fahrzeugdieselmotoren (PM-Kat)
Endbericht, 2005

[MÜL2005] J.-O. Müller, D.S. Su, R.E. Jentoft, J. Kröhnert, F.C. Jentoft, R. Schlögl:
Morphology Controlled Reactivity of Carboneceous Materials towards Oxidation
Catalysis Today, 2005

[NWH2005] Niemann G., Winter H., Höhn B.-R.:
Maschinenelemente
4., bearbeitete Auflage, Springer Verlag, Berlin Heidelberg, 2005

[OES1995] Oesterle G.:
Prozeßanalytik: Grundlagen und Praxis
Oldenbourg Industrieverlag, 1. Auflage, München, 1995

[OHR2009] Ohrnberger D. G.:
Einspritzdüsenauslegung und Brennraumgeometrie für ein direkteinspritzendes 2-Ventil-Dieselbrennverfahren
Dissertation, Technische Universität München, 2009

[PAR1996] T. E. Parker , J. R. Morency, R. R. Foutter, W. T. Rawlins:
Infrared measurement of soot formation in diesel sprays
Combustion and Flame, 107, 271-290, 1996

[PAU2001] Pauer T.:
Laseroptische Kammeruntersuchungen zur dieselmotorischen Hochdruckeinspritzung – Wirkkettenanalyse der Gemischbildung und Entflammung
Dissertation, Universität Stuttgart, 2001

[PFL2006] Pflaum S., Wachtmeister G.:
Motorenentwicklung am LVK
Zeitschrift, 2008

[PFL2008]Pflaum S., Wachtmeister G.:
Dieselmotor im Grenzbereich
ATZ / MTZ Konferenz, Heavy Duty Engines, Bonn, 2008

[PFL2009] Pflaum, S., Heubuch, A., Wachtmeister, G.:
Gasentnahmesonde zur zeitlich hoch aufgelösten Entnahme von Brennraumproben
Motorentechnische Zeitung (MTZ), München, 2009

[PFL2010a] Pflaum S., Wachtmeister G., Mackovic M., Frank G., Göken M.:
Wege zur Rußbildungshypothese
31. Wiener Motorensymposium, Wien, 2010

[PFL2010b] Pflaum S., Wloka J., Wachtmeister G.:
Emission reduction potential of 3000 bar Common Rail Injection and development trends
26th CIMAC Congress, Bergen, 2010

[PLE1954] Plesset, M.S.; Zwick, S.A.:
The growth of a vapour bubble in superheated liquids
Journal of Applied Physics 25, S. 398-493, 1954

[ROT2004] D. Rothe, F.I. Zuther, E. Jacob, A. Messerer, U. Pöschl, R. Niessner, C. Knab, M. Mangold, C. Mangold:
New Strategies for Soot Emission Reduction for HD Vehicles.
SAE 2004-01-3024

[ROT2006] Rothe D.:
Physikalische und chemische Charakterisierung der Rußpartikelemission von Nutzfahrzeugdieselmotoren und Methoden zur Emissionsminderung
Dissertation, Technische Universität München, 2006

[SCH1993] Schneider W., Stöckli M., Lutz T., Eberle M.:
Hochdruckeinspritzung und Abgasrezirkulation im kleinen, schnelllaufenden Dieselmotor mit direkter Einspritzung
MTZ, Motorentechnische Zeitschrift, Heft 11, S. 588-599, 1993

[SEE2004] Seebode J.:
Dieselmotorische Einspritzratenformung unter dem Einfluss von Druckmodulation und Nadelsitzdrosselung
Dissertation, Universität Hannover, 2004

[SEN2007] Senghaas, C., Altmann, O., Schwalbe, M., Jay,D. & Lehtonen, K.:
Advanced technology for HFO injection systems developed for medium speed engines
CIMAC Paper No.:137, CIMAC-Congress 2007

[SMI1981] Smith O.I.:

Fundamentals of soot formation in flames with application to diesel engine particulate emissions.
Prog Energy Combust Sci 1981; 7:275-291

[STI1999] Stiesch G.:
Phänomenologisches Multizonen-Modell der Verbrennung und Schadstoffbildung im Dieselmotor,
Dissertation, Universität Hannover, 1999

[SU2004a] D. S. Su , J.-O. Müller, R.E. Jentoft, D. Rothe, E. Jacob, R. Schlögl:
Fullerene-like Soot from Euro IV Diesel Engine: Consequences for Catalytic Automotive Pollution Control
Topics Catal. Vols. 30/31 (2004), 241

[SU2004b] D. S. Su, R.E. Jentoft, J.-O. Müller, D. Rothe, E. Jacob, C.D. Simpson, Z. Tomovic, K. Müllen, A. Messerer, U. Pöschl, R. Nießner, R. Schlögl:
Microstructure and Oxidation Behaviour of Euro IV Diesel Engine Soot: a Comparative Study with Synthetic Model Soot Substances
Catalysis Today 90 (2004) 127

[WA2007] Wachtmeister G., Pflaum S.:
Motorenentwicklung am Lehrstuhl für Verbrennungskraftmaschinen
Magazin, Bayern Innovativ, München, 2007

[WA2009] Wachtmeister G.:
Skriptum zur Vorlesung Verbrennungsmotoren
Vorlesungsbegleitendes Skript, Technische Universität München, 2009

[WA2010] Wachtmeister G.:
Skriptum zur Vorlesung Motormechanik
Vorlesungsbegleitendes Skriptum, Technische Universität München, 2010

[WAR2001] Warnatz J., Maas U., Dibble R.W.:
Verbrennung
Springer Verlag, Berlin, 2001

[WEN2006] Wenzel S. P.:
Modellierung der Ruß- und NO_x-Emissionen des Dieselmotors
Dissertation, Universität Magdeburg, 2006

[WIK2010a] Wikipedia:
Internetauftritt auf http://de.wikipedia.org/wiki/Transmissionselektronenmikroskopie
30.03.2010

[WLO2009] Wloka J., Pflaum S., Wachtmeister G.:
3000bar Common Rail Einspritzung als Beitrag zur innermotorischen Emissionsreduzierung
Münchner Automobiltechnisches Kolloquium, München, 2009

[WLO2010] Wloka J., Pflaum S., Wachtmeister G.:
Potential and Challenges of a 3000 bar Common-Rail Injection System considering engine behavior and emission level
SAE-2010-01-1131, SAE International Papers, 2010

[ZEI2010] Carl Zeiss AG:
Internetauftritt auf http://www.smt.zeiss.com
30.03.2010

[ZEL1946] Zelldovich A.:
The Oxidation of Nitrogen in Combustions and Explosions
Acta Physicochim, USSR, 21, 577, 1946

[ZHA2007] Zhao H.:
HCCI and CAI engines for the automotive industry
Woodhead Publishing, Cambridge, 2007

Die VDM Verlagsservicegesellschaft sucht für wissenschaftliche Verlage abgeschlossene und herausragende

Dissertationen, Habilitationen, Diplomarbeiten, Master Theses, Magisterarbeiten usw.

für die kostenlose Publikation als Fachbuch.

Sie verfügen über eine Arbeit, die hohen inhaltlichen und formalen Ansprüchen genügt, und haben Interesse an einer honorarvergüteten Publikation?

Dann senden Sie bitte erste Informationen über sich und Ihre Arbeit per Email an *info@vdm-vsg.de*.

Sie erhalten kurzfristig unser Feedback!

VDM Verlagsservicegesellschaft mbH
Dudweiler Landstr. 99   Telefon +49 681 3720 174
D - 66123 Saarbrücken   Fax   +49 681 3720 1749
www.vdm-vsg.de

Die VDM Verlagsservicegesellschaft mbH vertritt

Printed by Books on Demand GmbH, Norderstedt / Germany